SOCIÉTÉ RÉGIONALE DE VITICULTURE DE LYON

RAPPORT

SUR LES

ÉTUDES AMPÉLOGRAPHIQUES FAITES EN 1872

PAR LA SOCIÉTÉ RÉGIONALE DE VITICULTURE DE LYON

SOUS LE PATRONAGE DE LA SOCIÉTÉ DES AGRICULTEURS DE FRANCE

PAR

M. V. PULLIAT.

NANCY

IMPRIMERIE BERGER-LEVRAULT & Cie

11, RUE JEAN-LAMOUR, 11

1873

SOCIÉTÉ RÉGIONALE DE VITICULTURE DE LYON

RAPPORT

SUR LES

ÉTUDES AMPÉLOGRAPHIQUES FAITES EN 1872

PAR LA SOCIÉTÉ RÉGIONALE DE VITICULTURE DE LYON

Sous le patronage de la Société des agriculteurs de France

Lorsque, dans les premiers jours de 1872, l'Exposition de Lyon fut décrétée, lorsque toutes les industries se préparaient à étaler devant tous les yeux les progrès accomplis, les perfectionnements obtenus, comme preuve de leur prospérité, de leur vitalité ; après nos revers inouïs, quelques viticulteurs du département du Rhône crurent qu'il était aussi de leur devoir de représenter, dans ce grand concours, la plus grande, la plus impérissable industrie de nos contrées, la vigne.

La société régionale de viticulture de Lyon, désireuse de continuer les études ampélographiques qu'elle avait commencées en 1869, jugea les circonstances favorables pour provoquer une exposition de raisins de tous les départements voisins, et pour organiser une commission ampélographique qui visiterait quelques vignobles non encore explorés. Persuadée que, devant une question d'un intérêt aussi général, la Société des agriculteurs de France ne refuserait pas son concours à une œuvre qu'elle a déjà encouragée, un des nôtres fut délégué, à votre dernière session de février, pour solliciter une allocation qui nous permît de représenter dignement les intérêts viticoles de notre région à l'exposition universelle de Lyon.

Notre requête fut agréée par la grande Société. 20,000 fr. furent alloués aux deux industries les plus importantes de notre département, la viticulture et la séricіculture ; le conseil général du Rhône, la chambre de commerce de Lyon, suivant le bon exemple donné par les agriculteurs de France, votèrent, pour la même destination, des fonds qui nous permirent de donner à notre exposition toute l'extension désirable.

Il ne m'appartient pas de donner ici un compte rendu des travaux exécutés par la commission des agriculteurs de France ; des voix plus autorisées que la mienne ont rempli cette tâche. Je vous exposerai seulement ce qui a été fait par la commission des expositions de raisins du 20 août, du 10 septembre et du 5 octobre, et vous soumettrai un rapport sur l'excursion ampélographique faite dans l'Isère, la Drôme et l'Ardèche, par les soins de la société régionale de viticulture de Lyon. La commission des agriculteurs de France ayant établi qu'elle avait besoin de toutes ses ressources pour l'établissement des bâtiments, l'installation des magnanières, des caves, des gradins destinés à recevoir les vins et pour l'agencement du vignoble-école, la société régionale de viticulture de Lyon dut prendre à sa charge tous les frais des excursions ampélographiques et des récompenses à décerner aux expositions ornementales du jardin de viticulture ; elle y consacra toutes ses ressources disponibles.

Nous avons recherché, pour l'étude des raisins exposés, les viticulteurs qui se sont adonnés spécialement à la culture de toutes les bonnes variétés de raisins de cuve et de table. Beaucoup ont répondu à notre appel et nous tenons à les remercier de leur concours empressé ; quelques collègues nous ont fait parvenir leurs excuses de ne pouvoir prendre part à nos travaux; nous leur exprimons ici tous nos regrets d'avoir été privés de leurs lumières et de leur collaboration.

Exposition de raisins du 5 octobre 1872.

A l'exposition du 5 octobre, nous voyons figurer des collections de raisins de plusieurs viticulteurs qui nous avaient déjà fait des envois en août et septembre. Dans ce nombre, nous signalerons M. le comte de Sambuy et M. le chevalier J. de Rovasenda, de Turin, la société d'agriculture de Poligny (Jura), M. Pomier de Limas et M. Mas, président de la société d'horticulture de Bourg. Avec ces anciennes connaissances, nous sont arrivés de nouveaux envois de raisins, les uns sur sarments coupés, les autres sur marcottes.

La société de viticulture de Brioude, par les soins de son très-expérimenté président, M. Faure-Pomier, avait réuni dans un très-beau lot toutes les vignes cultivées dans l'arrondissement de Brioude ; ces vignes, marcottées avec soin, nous sont arrivées en assez bon état, malgré la longueur de la route et la difficulté du transport.

Le comice agricole de Vendôme nous adressait, sous la recommandation de son très-digne président, M. Blaise, des Vosges, des échantillons de raisins coupés de tous les cépages cultivés dans la région de ce comice.

M. A. de Vivie, malgré les dégâts causés à sa collection par une forte grêle, nous envoyait de nombreux et beaux échantillons de raisins.

Deux collectionneurs distingués du Rhône, M. Chaudy, de Chaponost, et M. Duchamp, de Saint-Jean-des-Vignes, exhibaient de nombreuses et belles variétés de raisins de cuve et de table.

M. Joubert, le jeune et habile collectionneur, nous apportait les bonnes variétés des côtes du Rhône.

M. le vicomte de Sallemard livrait à notre appréciation de beaux échantillons de raisins d'une variété de vignes qu'il a introduite dans ses vignobles du Rhône.

Nous allons passer en revue ces diverses expositions et nous signalerons les variétés qui nous paraissent méritantes ou nouvelles, sans faire mention de celles dont nous avons déjà parlé.

En commençant par les deux exposants italiens, nous remarquons parmi les vingt-cinq variétés envoyées par M. le comte de Sambuy :

1° Les cépages piémontais qui produisent les vins fins de la vallée du Pô, le grignolino, le nebiolo, l'aleatico, et ceux qui donnent les vins d'ordinaires, la lambrusca ou croetto, la celerina, la rossera, etc.;

2° Quelques bonnes variétés du Languedoc et de la Provence, le grenache, le mourvèdre, l'aramon, etc.;

3° Les raisins blancs et noirs du Bordelais, le cabernet franc, le cabernet-sauvignon, le merlot, le sauvignon et le sémillon.

L'introduction des vignes bordelaises dans les environs d'Alexandrie par M. le comte de Sambuy, n'est pas, comme on pourrait le croire, un essai de fantaisie, mais bien le résultat d'études et de comparaisons mûrement réfléchies de la part de l'introducteur. Dans ses pérégrinations diplomatiques, M. le comte de Sambuy avait remarqué plusieurs fois la grande analogie qui existe entre les sols des vignobles bordelais et ceux de sa belle propriété de Castelceriole, près Alexandrie. Persuadé que la transplantation des cépages du Médoc dans un sol et sous un climat à peu près analogues à ceux de leur patrie, devait produire de bons résultats et donner des vins ayant quelque analogie avec ceux de Bordeaux, M. de Sambuy planta dans ses domaines plusieurs hectares de cabernet franc, de cabernet-sauvignon, de merlot et de malbeck. Le résultat de ces plantations répondit pleinement aux espérances qu'elles avaient fait concevoir; leur possesseur récolte aujourd'hui dans ses vignobles de Castelceriole, avec les cabernets et surtout avec le merlot, de l'avis de tous les dégustateurs compétents, des vins bien supérieurs à ceux produits par les cépages de la plaine d'Alexandrie.

M. le comte de Sambuy ne croit pas déroger à la haute position qu'il a eue dans la diplomatie, en s'occupant lui-même de la plantation de ses vignobles, de leur amélioration par l'introduction de cépages de choix et de la vinification appliquée d'après les préceptes de la science et de la bonne pratique.

C'est un bel et trop rare exemple qu'il faudrait voir suivre par tous les riches propriétaires de vignes, pour le plus grand bien de la viticulture.

Les raisins de M. le comte de Sambuy étaient fort bien étiquetés avec des annotations spéciales indiquant la qualité du vin produite par chaque variété de raisins et la culture propre aux divers cépages qui les produisent. Nous regrettons que le cadre nécessairement restreint de notre rapport ne nous permette pas de reproduire ici cette intéressante et instructive notice.

M. de Rovasenda, qui nous avait par ses deux précédents envois mis à même d'apprécier le plus grand nombre des bons raisins italiens de cuve et de table, nous présentait, le 5 octobre, parmi les trente variétés qui composaient son lot, quatre vignes d'introduction récente, le cipro nero, le cipro rosso, l'egitto nero et l'egitto rosso, que la commission ampélographique a trouvés beaux et bons, et dont elle recommande l'essai dans nos contrées. Le cipro rosso est le cépage qui produit les excellents vins de Chypre. Les autres variétés exposées par M. de Rovasenda ont été mentionnées dans nos précédents comptes rendus, nous n'aurons pas à y revenir; mais ce que nous ne devons pas oublier, c'est de remercier bien cordialement nos deux éminents collègues italiens, M. le comte de Sambuy et M. de Rovasenda, de l'honneur qu'ils nous ont fait en venant assister à notre réunion ampélographique, où l'on a mis à profit leur savoir et le fruit de leur longue expérience viticole; nous garderons toujours de leur visite le meilleur souvenir.

La société de viticulture de Brioude (Haute-Loire), en nous adressant des vignes marcottées représentant les cépages cultivés dans sa circonscription, avait joint à son envoi un mémoire très-intéressant sur les variétes de vignes qui peuplaient les vignobles de Brioude en 1783. A cette époque, l'intendant général du Bordelais, dans le but sans doute de créer à Bordeaux une collection de tous les cépages de France, avait demandé à son collègue, l'intendant d'Auvergne, toutes les variétés de vignes cultivées dans sa province avec un mémoire descriptif de ces variétés et une notice sur leur culture. Cette notice, faite avec beaucoup de soin par M. Gueyffier de Talairat, subdélégué de l'intendant d'Auvergne, signalait trente-cinq variétés plus ou moins cultivées dans les environs de Brioude.

Il résulte de la comparaison faite entre la nomenclature de M. Gueyffier de Talairat et celle de la société de viticulture de Brioude en 1872, que, sauf trois ou quatre variétés qui ont disparu ou qui se cultivent sous un autre nom, les cépages cultivés à Brioude en 1783 sont encore les mêmes que l'on possède aujourd'hui dans cette contrée, avec cette différence que l'on abandonne depuis quelques années les cépages fins, dont le produit est trop minime, et les cépages grossiers, à cause de l'infériorité de leurs produits, pour planter presque exclusivement le gamay, qui est mieux approprié au sol, au climat de Brioude, et qui donne abondamment un bon vin d'ordinaire.

Les cépages fins qui tendent à disparaître des vignobles de Brioude, sont les pineaux de Bourgogne, que l'on cultivait en 1783 sous le nom de langedet, et que l'on estimait comme faisant le meilleur vin.

Les cépages grossiers sont le bruneau, le noireau, le fort, le sarpinay, le pilan. Ces vignes à raisins noirs, m'écrit M. Faure-Pomier, vice-président de la société de viticulture de Brioude, ne se rencontrent plus aujourd'hui que sur les hauteurs, dans les endroits où le gamay (qui a pris leur place) ne peut pas bien végéter.

Il ne nous a pas été possible d'appliquer des synonymies à ces cinq variétés, quoiqu'il nous semble retrouver à quelques-unes des caractères qui ne nous sont pas inconnus. Transportées dans notre collection, elles fructifieront à peu près toutes cette année-ci et nous mettront à même de constater si elles sont spéciales au vignoble de Brioude, ou si, au contraire, elles ont leurs similaires sous d'autres noms dans les contrées voisines.

D'après les renseignements que nous devons à M. le vice-président de la société de viticulture de Brioude et d'après nos propres remarques, des trois cépages qui portent dans ce vignoble le nom de gamay, celui appelé gros rondelet serait le seul qui ressemble au gamay beaujolais ou petit gamay;

les deux autres, le gros gamay et le gamay petit rondelet ne nous paraissent même pas appartenir à ce groupe, puisque le premier mûrit quinze jours plus tard et le second plus tôt que le gros rondelet; toutefois, quant à ce dernier, notre appréciation demande à être confirmée par une étude plus approfondie.

Dans tous les cas, nous ne saurions trop encourager les vignerons de Brioude à persister dans leur préférence pour le gamay gros rondelet, qui nous semble un cépage on ne peut mieux approprié à leur contrée, où l'on ne devrait admettre comme raisin à vin que des cépages de première époque.

Les chasselas acquièrent à Brioude et aux environs du Puy une si bonne maturité, ils sont tellement sucrés, qu'ils me semblent devoir produire des vins blancs agréables, malgré la mauvaise réputation que l'on fait à ce cépage comme raisin vinifère (bien à tort selon nous), puisqu'il produit en Suisse, sous le nom de fendant roux, de bons vins blancs d'ordinaire. Le chasselas réunit au plus haut point toutes les qualités d'une vigne à vin commun : sa vigueur, sa rusticité, sa grande et continuelle fertilité à toutes les tailles, sa maturité précoce et facile, le recommandent à tous les propriétaires de sols maigres qui visent à la quantité plutôt qu'à la qualité. Les personnes qui préfèrent produire des vins rouges plutôt que des vins blancs, pourront choisir le mornen noir ou chasselas noir qui a tous les caractères du chasselas blanc, sauf la couleur noire de sa baie. Le mornen noir est cultivé de temps immémorial et en grand au canton de Mornant et dans la partie sud du département du Rhône à une altitude et dans des sols où les plants ordinaires du pays ne réussissent pas. Le mornen noir, ou chasselas noir, remplacerait avantageusement, selon nous, le bruneau, le noireau, le fort, le sarpinay et le pilan, cépages trop tardifs pour les coteaux élevés où les vignerons de la Haute-Loire les cultivent lorsque le gamay ne peut pas y prospérer. Avec le mornen noir ils obtiendront des vignes de longue durée, une maturité facile, même dans les années les plus froides, et une production régulière et abondante.

Dans le beau lot de raisins qui nous a été adressé par le comice agricole de Vendôme et par les soins de son très-digne président, M. Blaise, des Vosges, nous trouvons moins de cépages inconnus pour nous que dans l'exposition de la société vinicole de Brioude. Il s'en est trouvé cependant un certain nombre auquel nous n'avons pu donner de synonymes, soit à cause du mauvais état dans lequel ces raisins nous sont arrivés, soit que les connaissances suffisantes nous aient fait défaut.

Les variétés que nous avons bien reconnues sont :

Le gros noir du pays, qui nous présente tous les caractères de la vigne connue en Bourgogne sous le nom de teinturier mâle.

Le gros noir de Villebaron est aussi un teinturier en tout point semblable à celui que les Bourguignons appellent teinturier femelle ; la couleur de son jus est moins foncée que celle du précédent.

Le pineau noir, du clos de Santoriaux, n'a ni la forme ni la saveur d'un raisin de pineau ; la commission reconnaît dans ce raisin un cabernet dont le goût spécial est très-prononcé.

Le cahors, du clos de la Roche-en-Tuf, n'est pas autre chose que le cot de la Touraine.

Nous reconnaissons très-bien le meslier jaune du clos Basse-Gunetière pour le meslier jaune des environs de Paris ou maillé de la Haute-Saône.

Le surin vert ou fié est bien pour nous le sauvignon de la Gironde.

Sous le nom de grelot de Cinq-Mars, on a voulu sans doute désigner le groslot de Cinq-Mars du comte Odard, variété très-fertile mais s'épuisant vite.

Le surin de Prépatour nous semble bien être un sauvignon et non un semillon du Médoc comme l'indique l'étiquette du comice de Vendôme.

Le pineau d'Aunis est bien le chenin noir de la Vienne et non le balzac des Charentes ou mourvèdre du Var, cépage plus tardif. A propos du nom de pineau appliqué aux chenin noir et chenin blanc de la vallée de la Loire, nous voudrions voir adopter, comme dénomination capitale, le seul nom de chenin, attendu que le mot pineau désigne les cépages bourguignons qui n'ont absolument aucun rapport avec les chenins de la Loire.

L'auvernat meunier est tout simplement le meunier de nos vignobles de l'Est; le duvet blanchâtre qui recouvre ses feuilles sur ses deux faces lui a valu cette désignation.

Le cahors à queue verte n'est pas autre chose que le cot à queue verte de la Touraine.

L'orbois n'est pas le meslier, comme l'a dit M. le docteur Guyot, si l'échantillon qui nous a été envoyé est exact; ce raisin n'a nullement la saveur particulière au meslier. Nous lui trouvons, au contraire, beaucoup de ressemblance avec le chevalin d'Ambérieux que nous a présenté M. Mas. Cultivé en mélange en petite quantité avec les cépages du Bugey, le chevalin n'a jamais, que nous sachions, produit du vin à lui seul et ne jouit pas, dans les vignobles où on le cultive, d'une haute réputation comme raisin vinifère. Quoi qu'il en soit, il mériterait d'être étudié et comparé avec les cépages qui paraissent lui ressembler et notamment avec l'orbois dont nous venons de parler. Jusqu'à plus ample examen, nous ne saurions appliquer au chevalin aucune synonymie.

Sous le nom de gamay du clos du Bois-Bigot, nous avons reconnu le petit gamay du Beaujolais, beaucoup mieux représenté par ce premier échantillon que par un second portant le nom de gamay tout court, sans indication de crû et de provenance.

Parmi les raisins envoyés par M. Blaise, des Vosges, président de la société de viticulture de Vendôme, ceux que nous ne connaissons sous aucun rapport sont :

1° Le meslier jaune du Gâtinais : ce raisin n'a ni la saveur ni la forme du vrai meslier jaune dont nous avons parlé plus haut; nous ne saurions lui donner un autre nom;

2° Le gros breton que nous avions pris de prime-abord pour un cabernet, attendu que dans les vignobles du nord-ouest, on désigne sous ce nom le cabernet franc ou grosse vidure des environs de Bordeaux, ne nous a présenté, après un examen attentif, aucun des caractères des cabernets; le véritable nom du gros breton nous est inconnu;

3° Nous ne connaissons nullement le noir tendre;

4° Le franc noir est un très-beau teinturier que l'on prendrait pour le teinturier mâle ou gros noir de Vendôme, si sa grappe ne dépassait de beaucoup la grosseur de ce dernier. Dans le cas où le gros noir produirait ordinairement des raisins de la grosseur de l'échantillon qu'on nous a adressé, il mériterait d'être propagé comme raisin colorant, si toutefois la souche qui le produit est suffisamment fertile;

5° Le pineau de Saumur, très-difficile à déterminer à cause de la dessication complète de ses feuilles, ne paraissait pas (autant que nous avons pu en juger) représenter le chenin noir qui est synonyme de pineau de la Loire;

6° Le pineau blanc du Roc-en-Tuf nous est complétement inconnu; nous ne lui trouvons ni les caractères du pineau blanc de la Bourgogne, ni ceux du chenin blanc ou pineau blanc de la Loire;

7° L'auvernat de Romorentin est un cépage nouveau pour nous. Le nom d'auvernat, qui désigne ordinairement le pineau de Bourgogne ou l'une de ses variétés, nous semble ici mal appliqué, mais nous ne saurions en indiquer un autre pour désigner ce raisin.

M. de Vivie, du Lot-et-Garonne, malgré les dégâts occasionnés à sa collection par une forte grêle, avait pu recueillir cinquante grappes des principaux cépages de sa région pour nous les adresser. Ces échantillons étaient pour nous de précieux termes de comparaison pour vérifier l'exactitude de la dénomination des cépages bordelais ou agenais qui nous étaient présentés par d'autres exposants. Le bon étiquetage de ces raisins, les soins minutieux avec lesquels M. de Vivie traite sa collection, étaient pour nous une garantie certaine de l'exactitude de toutes les variétés reçues de cette provenance.

Nous avons bien vivement regretté que M. de Vivie ne puisse accompagner son envoi de raisins pour prendre part à nos travaux ampélographiques que sa longue expérience et ses études des cépages auraient contribué à rendre moins incomplets.

M. Chaudy, de Chaponost, et M. Duchamp, propriétaire à Saint-Jean-des-Vignes (Rhône) exposaient chacun cinquante variétés de raisins dont quelques-uns nous étaient inconnus de nom et d'aspect. Citons, dans le lot de M. Chaudy, le raisin d'abondance, le printanier, le facun noir, le navarre noir, le tarragonais, le spara. Ce dernier nom est sans doute une corruption de spana qui est en Italie synonyme du nebiolo, le cépage le plus fin du Piémont. Nous faisons la même observation pour le jolivan qui nous semble bien être le sulivan.

Parmi les raisins inexactement dénommés dans cette collection, nous remarquons le malbeck, le katawba, le balzac, le chasselas musqué (qui ne l'était pas du tout), le scupernong, le virgalio, le sulthanieh et le corinthe blanc, ces deux derniers à gros grains avec pépins, ce qui n'existe pas dans les deux variétés portant ces noms. Dans la même collection, l'aspiran était représenté par un gamay, le colombeau par une variété de chasselas. Nous n'avons pas pu indiquer la synonymie des huit variétés précédentes inexactement dénommées.

Le muscat romain, très-joli muscat rouge, et le Saint-Antoine croquant, à très-gros grains olivoloïdes, sont nouveaux pour nous et de nom et d'aspect; ils nous paraissent tous deux méritants.

M. Duchamp avait aussi quelques raisins nouveaux; nous remarquons dans le nombre l'alkermès, le perdreau blanc, l'antonio. Si ces noms représentent bien des variétés sans synonymes connus, ce que nous ne pourrions affirmer, elles nous semblent dignes d'être essayées. Quelques raisins de cet exposant nous semblent aussi inexactement dénommés, ce sont : le cabernet-sauvignon, qui représente plutôt le pignon du Médoc ; le chasselas blanc royal, qui n'avait aucun des caractères propres à cette tribu ; l'aleatico, qui n'était pas musqué et avait le jus légèrement coloré, tandis que ce raisin est toujours franchement musqué et à jus blanc ; le tokai de Hongrie, représenté par un pineau gris, et l'ulliade noire par un raisin ressemblant beaucoup au pineau noir; le précoce de Courtiller, qui n'était nullement musqué et nous paraissait être un chasselas.

Les autres variétés qui nous ont paru exactes représentent des raisins dont nous avons déjà parlé.

Dans une petite collection très-bien étiquetée, M. Mas, de Bourg, président de notre commission, nous a présenté toutes les variétés de vignes cultivées au vignoble des Abbéans, dans le centre du Bugey. Outre les variétés bien connues qui constituent le fond de ces vignobles, le meximieux ou mondeuse, le methe ou poulsard, la fusette blanche et le pelossard noir, raisin tout à fait distinct du poulsard, nous remarquons le mornen blanc que nous reconnaissons tout à fait distinct du chasselas doré, d'après les observations de M. Mas ; le chevalin blanc et le chaunan noir, deux variétés assez estimées qui méritent d'être étudiées et auxquelles il ne nous a pas été possible d'appliquer des synonymes. Sous le nom de lardat musqué, nous avons retrouvé le chasselas musqué dont il a été question précédemment.

A M. Joubert, le jeune et zélé collectionneur de vignes, nous devions les raisins des côtes du Rhône, déjà mentionnés, et le servanin, variété inédite que notre collègue met au-dessus du chasselas comme raisin de table. Sans pousser l'éloge aussi haut que M. Joubert, nous pouvons dire que nous avons trouvé le servanin très-bon et que nous en conseillons la culture.

M. le vicomte de Sallemard, de Peyrins, près Romans (Drôme), nous avait adressé des grappes sur sarments feuillés d'une variété de vigne dont il fait grand cas et qu'il recommande sous le nom de cérigné ou céréné. Si, comme nous le croyons et autant que nous pouvons en juger par un échantillon de raisin, le cérigné est synonyme de la sérénèse de Grenoble, l'éloge qu'en fait M. de Sallemard n'a rien d'exagéré, puisqu'on considère ce cépage, dans la vallée du Grésivaudan, comme un des plus fins, des plus riches en sucre et des plus régulièrement fertiles.

Là se termine la nomenclature des raisins qui nous ont été présentés le 8 octobre.

En parcourant rapidement ce rapport sur les trois expositions de raisins faites par la Société des agriculteurs de France et par les soins de la société de viticulture de Lyon, il est facile de constater que, parmi les raisins présentés à notre appréciation, il en existe un grand nombre qui n'ont jamais été mentionnés dans aucun traité sur la matière et que les variétés figurant à notre exposition ne représentent qu'une faible partie de toutes les vignes cultivées sur le sol français, preuve évidente qu'il reste encore énormément à faire pour que l'étude de nos cépages soit complète.

Soit que ces vignes, sous les différents noms qui les distinguent, ne représentent pas toujours des variétés bien tranchées mais simplement des synonymies, soit, au contraire, qu'elles constituent des variétés bien distinctes, elles ne méritent pas moins d'être étudiées, tant au point de vue de la science ampélographique qu'au point de vue cultural. En restreignant le nombre des bonnes variétés de raisins et des noms qu'on leur applique, l'étude des cépages en facilitera le choix lorsqu'elle aura signalé les qualités et les défauts de chacun d'eux, indiqué le climat, le sol et la culture qui leur conviennent plus particulièrement.

Personne, aujourd'hui, ne conteste que la bonne qualité du vin, la durée de la vigne et sa bonne production ne dépendent en grande partie du bon choix du cépage, principe que tout planteur de vignes devrait toujours avoir en mémoire et que le docteur Guyot exprimait si bien lorsqu'il disait : *Trouver les meilleurs cépages, ceux qui profitent le mieux d'un sol, d'un climat, c'est le grand problème à résoudre pour les différents crûs.*

C'est ce que les agriculteurs de France ont très-bien compris lorsqu'ils ont adopté en principe l'étude des cépages faite sous leur direction et nous ont mis à même de faire, en 1872, une exposition de raisins et des excursions ampélographiques dans la Drôme, l'Isère et l'Ardèche. Nous espérons que notre travail montrera de nouveau à nos collègues des agriculteurs de France l'utilité des études de vignes et le bien qui doit en résulter; nous avons la ferme confiance que ces études seront continuées par leur initiative et que les modiques subventions indispensables pour ce travail ne nous seront pas refusées.

Le concours de toutes les personnes qui se sont occupées spécialement de l'étude des cépages ne nous fera pas défaut; nous en avons la preuve dans l'empressement avec lequel ont répondu à notre appel et les sociétés viticoles et les viticulteurs que nous avons priés de s'unir à notre œuvre. Si, parmi ces derniers, quelques-uns, pour diverses causes indépendantes de leur volonté, n'ont pu prendre une part active à nos travaux, leur adhésion et leurs encouragements ne nous ont pas fait défaut. Nous remercions tout particulièrement de leur chaleureuse adhésion M. le docteur Fleurot, de Dijon; M. le docteur Tripier, l'un des premiers promoteurs des études ampélographiques; M. Henri Marès que de trop abondantes vendanges retenaient dans l'Hérault pendant notre session; M. de Vivie, du Lot-et-Garonne; M. L. Laliman, de Bordeaux; M. André Leroy, d'Angers, etc.

Je ne dois pas oublier, en terminant ce rapport, de citer les noms des viticulteurs à qui revient le principal mérite de ce travail : M. Mas, président de la commission ampélographique; M. le docteur Gromier, président de la société de viticulture de Lyon; M. le docteur Coste et M. C. Rouget, de Salins; M. Pelletier, vice-président de la société d'agriculture de Poligny (Jura); M. J.-B. Pomier, vice-président de la société d'agriculture de Villefranche (Rhône); M. Joubert, de Chonas (Isère); M. F. Gaillard; M. Briant, directeur du jardin botanique à l'École normale de Cluny; M. H. Michel, de Lyon; M. Servan, prime d'honneur de la Drôme en 1870; M. P. Tochon, de Chambéry. Le zèle avec lequel nos excellents collègues se sont acquittés d'une tâche souvent aride et monotone sont un sûr garant de l'activité et de l'empressement qu'ils mettront à de nouvelles études que voudra bien provoquer la Société des agriculteurs de France. Qu'ils me permettent ici de leur exprimer mon meilleur souvenir et de leur dire : Au revoir !

Excursion ampélographique.

La commission ampélographique qui devait visiter l'Isère, la Drôme et l'Ardèche, s'était assuré le concours de plusieurs viticulteurs de ces départements. Comme elle s'attendait à trouver dans le sud de la Drôme et de l'Ardèche beaucoup de cépages de la Provence et du Languedoc, elle avait fait appel à deux ampélographes du Midi, M. André Pellicot et M. Marès, qui connaissent à fond les cépages de ces contrées, puisqu'ils en ont fait tous deux une étude spéciale. M. Henri Marès, qui nous avait promis d'être des nôtres si notre excursion se fût faite dans les premiers jours de septembre, ne put se réunir à nous pour le jour du départ fixé plus tard. M. André Pellicot nous arriva le 12 septembre, mais nous ne pûmes le conserver auprès de nous autant que nous l'aurions désiré. Rappelé par ses vendanges, il nous quitta au moment où nous avions le plus grand besoin de ses connaissances ampélographiques. M. Tochon, président de la société centrale d'agriculture de la Savoie, M. Joubert, de Chonas (Isère), M. Victor Pulliat, complétaient cette commission.

Le 14 septembre, ces quatre commissaires se concertèrent sur l'ordre à suivre dans l'étude qu'ils avaient à faire et fixèrent l'itinéraire de leur voyage.

Partis le 15 septembre de Lyon, sous la direction de M. Armand fils, qui devait nous conduire aux vignobles de Côte-Rôtie, dont il est un des principaux propriétaires, nous fîmes une première station à Vienne où nous eûmes le bonheur de nous trouver au milieu d'une très-belle exposition du comice agricole de cette ville, dont le président, M. le docteur Trénel, nous fit les honneurs avec beaucoup de grâce et de cordialité. Les raisins exposés par ce comice n'étaient pas nombreux, mais quelques lots, très-bien choisis, bien étiquetés, représentaient avec leurs noms locaux, les cépages du pays, le viognier de Condrieu, la sérine ou sirah qui fait le fond des vignobles de cette contrée et qui continue à peupler les côteaux de la rive droite et de la rive gauche du Rhône jusqu'à Valence, le gros plant que nous avons reconnu pour le corbeau, le gamay qui, jusqu'à ce jour, n'avait occupé que les hauteurs et qui descend aujourd'hui sur les coteaux et dans la plaine, menaçant de supplanter la sérine. Le gamay, nous dit M. Trénel, nous donne les meilleurs résultats, soit au point de vue du rendement, soit au point de vue de la qualité; il gagne chaque jour du terrain.

Quelques personnes ayant contredit la similitude de la sérine et de la sirah que nous avions affirmée dans notre rapport sur les cépages du Rhône, nous avons tenu à trancher définitivement cette question en choisissant au vignoble de Côte-Rôtie des échantillons bien authentiques de sérine que nous devions comparer aux vignobles de l'Ermitage, avec la sirah.

Accompagnés par MM. Armand père et fils, nous avons parcouru les coteaux les mieux exposés de Côte-Rôtie, et relevé avec soin les caractères des cépages qui s'y cultivent. Après avoir récolté les échantillons de sérine qui devaient nous suivre aux coteaux de l'Ermitage, nous avons constaté que sur plusieurs points du vignoble de Côte-Rôtie, notamment à la Côte-Blonde, la sérine se trouvait mélangée avec une assez grande quantité de viognier, lequel réussit, en cet endroit, beaucoup mieux que la sérine ou sirah.

Sur les remarques et observations très-justes que nous a faites M. Joubert, de Chonas, qui connaît sur le bout du doigt les vignes des côtes du Rhône, nous avons reconnu que le viognier de Condrieu et de Côte-Rôtie n'est pas synonyme de maclon, comme nous l'avons dit dans notre rapport sur les cépages du Rhône, mais bien une variété tout à fait distincte. Sa grappe est plus grosse, plus serrée, plus sujette à la pourriture que celle du viognier; son grain est plus vert, plus petit, plus rond; sa fertilité plus grande, sa maturité plus précoce. Bois moins vigoureux, plus cassant. Le maclon donne beaucoup de montant au vin, plus même que le viognier. Ce dernier se cultive exclusivement sur la rive droite du Rhône, depuis Saint-Pierre-de-Bœuf jusqu'à Côte-Rôtie. De Côte-Rôtie jusqu'à Givors, on le trouve mélangé en plus ou moins grande quantité avec la sérine. Dans les vignobles de la plaine d'Ampuis, nous avons trouvé, sous le nom erroné de plant de l'Ermitage, un cépage qui porte aux vignobles de Chassis, au-dessous de Tain, le nom de duréza. Nous le retrouverons, sous d'autres noms, dans la Drôme, l'Ardèche et l'Isère.

Le mornen noir est cultivé dans quelques parties de la plaine d'Ampuis, mais sa station principale se trouve sur les coteaux élevés qui longent la rive droite du Rhône, de Givors à Condrieu, et dans le canton de Mornant à une altitude de 400 ou 500 mètres, là où la sérine et la mondeuse ne peuvent pas mûrir.

Sous le nom de plant de Moirans, gros plant, nous avons reconnu, dans les vignobles de la plaine d'Ampuis, le corbeau du Lyonnais, que l'on retrouve aussi sous ce nom dans les vignobles du Péage en mélange avec la sérine. Cette dernière variété se cultive sur les deux rives du Rhône, depuis Vienne et Ampuis jusqu'à Saint-Rambert et Serrières; à partir de ces localités, elle se cultive sous le nom de sirane ou sirah, jusqu'à Tain, Tournon, Saint-Péray et Valence.

Arrivée à Tain, la commission ampélographique trouva M. Servan, prime d'honneur de la Drôme en 1870, qu'un grand deuil de famille avait empêché de se réunir plus tôt à nous, M. Servan voulut bien nous faire visiter les vignobles de son département. Sous sa direction, nous avons parcouru les coteaux de l'Ermitage et comparé la sérine que nous apportions d'Ampuis avec la sirah cultivée sur les différents *Mas* de ce vignoble. A l'unanimité, la commission a proclamé la parfaite identité de la sérine de Côte-Rôtie et de la sirah de l'Ermitage. La chose est donc aujourd'hui jugée et bien jugée, il n'y a pas à y revenir.

Persuadés que, dans les divers vignobles que nous devions visiter, nous retrouverions les variétés de vignes cultivées à l'Ermitage, nous avons relevé avec soin les caractères des vignes qui s'y cultivent. Au Mas-des-Rocouls, crû renommé pour ses vins blancs, nous avons pris la description de la marsanne et de la roussane.

Le premier cépage est très-fertile : sa grappe est grosse, rameuse, conique, ailée; ses grains, ronds, moyens, à saveur sucrée, donnent un vin agréable, mais bien inférieur à celui de la roussane.

Cette dernière est caractérisée par une grappe plus petite, de grosseur moyenne et de forme cylindrique, quelquefois accompagnée d'un petit grappillon partant du nœud pédonculaire ; grains à peu près ronds, serrés, saveur fraîche, relevée par beaucoup de montant.

Après nous avoir fait visiter les coteaux de l'Ermitage, M. Servan nous a conduits sur le Plateau-des-Châssis, situé au confluent du Rhône et de l'Isère. Dans la partie la plus rapprochée du Rhône, entre ce fleuve et la route de Tain à Valence, on cultive presque exclusivement la sirah. Sur la gauche de cette route, les vignobles sont généralement complantés de divers cépages où la sérine ne se trouve plus qu'en mélange avec d'autres cépages communs dont nous allons parler.

Le plus répandu de ces cépages est le corbel que nous retrouverons, sous d'autres noms, dans l'Isère et l'Ardèche. Le corbel est un cépage vigoureux, très-fertile, mais d'une production irrégulière. Sa grappe grosse, ailée, conique, à grains ronds, serrés, craint beaucoup le brûlis ou grillage; il donne un vin solide, d'une belle couleur.

Dans les vignobles de M. Servan, près de son habitation de Beauséjour, nous avons trouvé une variété de corbel dont les grains sont d'un beau noir de suie brillant, ou noir de nègre; elle ne paraît différer du type que par la couleur du grain. Cette variété, d'ailleurs très-peu répandue, porte dans le pays le nom de mourre ou mourré.

La clairette noire, du même vignoble, nous paraît une découverte tout à fait nouvelle. Ce cépage, qui possède à peu près tous les caractères de la clairette blanche et rose, n'a jamais été, que nous sachions, décrit par aucun ouvrage ampélographique. M. Servan l'estime comme cépage fertile donnant un vin solide. Son bourgeonnement tardif le met à l'abri des gelées du printemps. Ce cépage pourrait être une bonne acquisition pour les vignobles du Midi, mais il nous semble trop tardif pour le nord de la Drôme.

La dureza, que nous avons trouvée à Côte-Rôtie et dans la plaine d'Ampuis, sous le nom erroné de plant de l'Ermitage, se trouve en petite quantité dans le vignoble de Beauséjour. C'est un cépage très-fertile, s'usant très-vite et donnant un vin grossier peu estimé.

La baude est un très-beau raisin de table, ayant quelque ressemblance avec le cinq-saut, mais un peu plus précoce; ses gros grains, de forme ovalaire, sont sujets à la pourriture.

Le proveraut ou proveraou est avec la duréza un des plants les plus fertiles de cette contrée. Comme cette dernière, il s'épuise vite, par un excès de production ; comme elle aussi, il ne donne qu'un vin médiocre peu estimé.

Le sirané est moins cultivé que les précédents aux vignobles de Beauséjour; on l'estime comme cépage fertile devant donner un vin de bonne qualité. Nous croyons reconnaître dans ce cépage la sérénèze de Grenoble.

Le cornet, dont nous avons trouvé quelques échantillons dans les vignobles de M. Servan, est plutôt un raisin de table qu'un raisin de cuve; on le trouve cultivé plus en grand, aux vignobles de Crest et de Die.

Dans les mêmes vignobles, on cultive aussi une variété de raisin dont on fait du vin muscat estimé. Ce raisin, que nous avons vu sur les marchés de Valence, nous paraît en tous points semblable au muscat de Frontignan.

Dans les environs de Romans, sur les rives de l'Isère, on trouve la mondeuse, cultivée sous le nom de marsanne noire, en mélange avec le siranié, que nous croyons être la sérénèze des environs de Grenoble.

Au territoire de Charmagnolles, près Valence, la mondeuse ou marsanne noire fait le fond des vignobles ; on y rencontre aussi la petite sirah, mais en moins grande quantité.

Au-dessous de Valence, sur les rives de la Drôme, on trouve encore comme plant dominant, la sirène ou serné, ou plutôt sirah, et la marsanne noire ou mondeuse.

A partir de la rive gauche de la Drôme, en se rapprochant de Montélimart, apparaissent les cépages du Midi :

Le grenache;

Le picpoule ;

La clairette rose et blanche;

Le terret.

Au-dessous de Montélimart, nous avons trouvé à Donzère et à la Garde-d'Adhémar, chez M. le comte de la Baume, outre les cépages indiqués ci-dessus, le tinto, appelé dans le pays étrangle-chien, et reconnu par nous comme le mourvèdre de la Provence;

Le terret-bourret ;

Le terret noir, terrier, ou terrin de Donzère;

Le colombaou ou colombaot, qui semblerait être le type blanc du mourvèdre ;

L'olivette jaune, etc., etc.

Les cépages les plus cultivés aux environs de Donzère et de la Garde-d'Adhémar sont :

1° Le grenache, qui fait le fond des vignobles ;

2° Le picpoule plus anciennement cultivé que le grenache qui est d'introduction récente ;

3° La clairette rose et blanche ;

4° Le tinto ou étrangle-chien qui nous présente tous les caractères du mourvèdre.

Ces vignobles, très-florissants il y a quelques années, sont aujourd'hui ravagés et détruits par le phylloxera. Nous avons pu à peine trouver, dans les vignobles de M. le comte de La Baume, quelques échantillons de vignes représentant les variétés indiquées ci-dessus. Ces parcelles de vignes avaient été sauvées du désastre général par une submersion complète pendant deux mois (octobre et novembre 1871).

Sur la rive droite du Rhône, depuis Cruas jusqu'à la Rochemaure, les coteaux, jadis couverts de pampres verts, sont aujourd'hui dénudés et ne représentent au regard du voyageur que des souches de vignes sans végétation.

Mais notre mission n'était pas d'étudier les ravages du phylloxera. Je ne me sens pour mon compte nullement apte à parler utilement de ce terrible insecte que j'ai vu pour la première fois dans la Drôme.

Nous revenons donc à nos raisins et pénétrons dans les vignobles de l'Ardèche.

Ce département, comme vous le savez tous, messieurs, est très-accidenté, très-montueux, sillonné par des torrents qui, au moment des grandes pluies et des orages, roulent à pleins bords des eaux chargées de terre et de cailloux et qui, pendant les grandes chaleurs de l'été, sont le plus souvent à sec.

Le sol de l'Ardèche est tantôt calcaire, tantôt granitique, quelquefois volcanique, rarement argileux ; il se décompose, se désagrége facilement sous l'action du froid, de l'humidité et du soleil. Les pluies et les averses l'entraînent fréquemment lorsqu'il n'est pas retenu par les boisements et les prairies d'ailleurs très-rares dans la partie centrale et méridionale que nous avons visitée.

La culture dominante de cette partie du département est celle du mûrier et du châtaignier. Aubenas, Joyeuse, sont des centres séricicoles très-importants ; c'est aussi de cette partie de l'Ardèche que viennent sur nos marchés les marrons dits de Lyon. La vigne ne vient qu'en troisième ordre de culture, elle n'occupe qu'un espace très-restreint. comparativement aux plantations de mûriers et de châtaigniers; le plus souvent elle s'implante sur les parties déclives des montagnes exposées au levant et au midi. Pour retenir les terres trop sujettes à être entraînées par les pluies, les vignerons de l'Ardèche élèvent, de distance en distance, de petits murs avec les pierres provenant du défoncement du sol destiné à la vigne. Cette disposition du vignoble imite à peu près les terrasses de Côte-Rôtie et de l'Ermitage, mais elle est plus régulière et plus uniformément adoptée dans toute l'Ardèche là où la déclivité du terrain le demande.

Le climat, le sol de ce département, sont en général très-favorables à la culture de la vigne. La température sèche qui règne dans cette contrée pendant toute la saison chaude, est éminemment propre à la bonne maturité et à la bonne qualité du raisin.

Dans la partie méridionale de l'Ardèche, par laquelle nous avons pénétré dans ce département, on commence, comme dans la partie sud de la Drôme, à voir figurer les cépages et les cultures du Midi. Ces vignes du Languedoc et de la Provence sont tantôt plantées seules, tantôt mêlées avec celles cultivées plus au nord, mais jamais dans des proportions régulières. Chaque propriétaire plante plus ou moins des unes ou des autres suivant ses préférences.

De Rochemaure à Aps, et d'Aps à Villeneuve, patrie du célèbre agronome Olivier de Serres, nous avons beaucoup remarqué des plantations de grenache. Cette variété de vigne, qui nous semble peu appropriée à la partie sud de l'Ardèche, est cependant très-recherchée par les vignerons de cette contrée, qui en sont engoués et qui la préfèrent à celles anciennement cultivées dans le pays.

A quelques kilomètres au-dessous de Joyeuse, chez M. Destremx, député, lauréat de la prime d'honneur de l'Ardèche en 1870, on nous a montré, à côté d'un ténement de vignes de petit gamay, la plupart des vignes que nous retrouverons dans les environs d'Aubenas et l'Argentière, puis dans le même champ, les cépages du Midi, le picpoule noir, le picpoule rose, plants très-anciennement connus dans le pays, le terret noir, le terret bourré ; le mourvèdre, sous le nom impropre d'espagnen ; le morastel-flourou ou brun-fourca, le soule-bouvier, l'aramon, etc. Les vignes de M. Destremx sont très-bien tenues et contrastent heureusement avec celles de la partie sud-ouest de l'Ardèche qui, sous ce rapport, laissent beaucoup à désirer.

Aux environs d'Aubenas, l'Argentière, Vals, les variétés de vignes les plus cultivées en rouge sont: le chatus que nous avons trouvé dans tous les vignobles de l'Ardèche (corbesse de l'Isère, corbelle de la Drôme); le manéchal ou monestiaou, mounestiou (monestel du Var et des Bouches-du-Rhône); carignan (carignane de l'Hérault et du Gard); le petit ribier, cépage très-fertile, très-estimé, qui nous paraît être spécial à l'Ardèche ; le tsin-tsaô, qui est sans doute le cinq-saut de l'Hérault et du Gard; l'ulliaou ou ulliade, le petit manéchal, qui diffère du manéchal ou monestiaou par sa feuille profondément découpée qui lui donne quelques traits de ressemblance avec le spiran dont il diffère par le grain rond de sa grappe ; le terret noir, le terret gris, la blavette, variété de maturité tardive, restant toujours d'un rouge clair ; le verdun, sur lequel nous retrouvons tous les caractères du petit gamay et dont le nom nous semble une corruption de Liverdun ou plant de Liverdun, de la Moselle, lequel n'est toujours qu'un petit gamay ; le pougnet, que le docteur Guyot, dans ses études sur les vignobles de France, confond à tort avec le mourvèdre, ou balzac de la Charente; l'aramon, le terret-bourré et quelques autres variétés du Midi, que l'on ne trouve qu'à l'état d'exception.

Parmi les raisins blancs qui se cultivent en mélange avec les raisins noirs dont nous venons de parler, nous remarquons le roussaou, très-joli raisin à belles grappes d'un jaune rosat que nous ne saurions comparer avec aucune des vignes de notre connaissance. Nous en dirons autant de la raizaine qui est, comme le roussaou, une variété très-estimée pour la vinification. Viennent ensuite, mais à un degré un peu inférieur, le blanchou qui a beaucoup de rapports avec la clairette, le petit blanc qui est tout à fait identique avec cette dernière ; le petit blanchou, sous les caractères duquel nous reconnaissons un joli cépage jurassien, le poulsard blanc ; le muscat de Frontignan, le droué blanc, variété à saveur un peu musquée, auquel nous ne pouvons donner de synonymes; le blanc aigre, qui justifie son nom, mais qui nous est inconnu ; puis enfin le grec blanc, le grec rose, la panse blanche, l'olivette jaune sous le nom de gros pansard, variétés que l'on ne cultive que pour la bouche et qui ne devraient jamais figurer dans un vignoble destiné à produire du vin.

Comme on le voit par la nomenclature de raisins que nous venons de donner, les vignes du Languedoc et de la Provence sont moins nombreuses dans les vignobles d'Aubenas que dans ceux de Joyeuse et de la partie méridionale de l'Ardèche; mais ces vignobles sont toujours, comme les précédents, complantés sans ordre et sans principes d'une foule de cépages qui jurent de se trouver réunis ensemble. Si l'on remonte vers le nord, aux environs de Privas, on ne rencontre plus des cépages du midi cultivés un peu en grand que l'ulliade et ses dérivés.

Les vins rouges de cette contrée sont faits généralement avec quatre variétés de raisins, dans des proportions plus ou moins variables.

Ce sont :

1° Le petit rouvier que nous croyons identique avec le petit ribier d'Aubenas, variété la plus estimée et la plus répandue ;

2° Le brunet, synonyme du tsin-tsaô d'Aubenas, variété d'ulliade précoce, qui nous paraît être, comme nous l'avons déjà dit, le cinq-saut de l'Hérault;

3° La durazaine, variété blanche très-estimée, qui nous semble en tous points semblable à la raizaine d'Aubenas;

4° La passerille ou ulliade, qui mûrit dix à douze jours après le brunet: cette dernière variété entre dans la confection du vin pour une bien plus petite part que les trois précédents.

On rencontre aux vignobles de Privas, le chatus, mais en petite quantité; il est ici beaucoup moins estimé que dans les vignobles cités plus haut. On y trouve aussi, mais à l'état d'exception, le mourvèdre sous le nom de ribier, l'aramon sous celui de grec noir, et le chasselas avec la dénomination de morlanche. (A Aubenas, il est connu sous le nom d'abelione, et à l'Argentière, sous celui de bournot.) Nous citerons encore le papadou, variété d'ulliade, à feuille glabre et lisse; le marocain, dont la grappe ressemble à celle de l'ulliade, mais qui diffère de ce dernier tant par une feuille bien plus duveteuse que par la saveur un peu âpre de son grain et sa maturité plus tardive.

Les vins de Privas, faits avec les quatre variétés de raisins que nous avons indiquées, sont agréables, d'une belle couleur et de bonne conservation: nous les préférons aux vins d'Aubenas, de l'Argentière, Joyeuse, et nous croyons que cette différence de qualité vient du choix des cépages. Les vignes du Languedoc et de la Provence qui entrent pour moitié et souvent plus, dans la confection des vins du midi de l'Ardèche, sont pour la plupart de basse qualité et nous paraissent mal appropriés à ce sol et à ce climat. En choisissant des cépages locaux ou de la région moyenne, comme le ribier, le tsin-tsaô ou la petite sirah auxquels on associerait en petite proportion une bonne variété de raisin blanc, on obtiendrait bien certainement une qualité meilleure et une aussi grande quantité. Les vins faits avec une ou deux variétés de raisins bien appropriés au sol sont toujours meilleurs et préférables sous tous les rapports à ceux provenant d'un grand nombre de variétés mûrissant, le plus souvent, à des époques très-différentes. S'il en fallait une preuve, nous la trouverions dans les excellents vins de l'Ardèche récoltés sur les côtes du Rhône, depuis Tournon jusqu'à La Voulte, coteaux plantés presque uniquement de petite sirah. Moins renommés que les vins de l'Ermitage, leurs voisins de la rive gauche, avec lesquels ils ont beaucoup d'analogie, les vins de Saint-Joseph et de Cornas occupent une place distinguée parmi nos vins français, mais il n'est pas douteux que si l'on mélangeait à la petite sirah qui les produit exclusivement, du picpoule, comme l'a écrit par erreur M. Victor Rendu, dans son ampélographie française, ces vins descendraient immédiatement dans les troisièmes classes.

La rive droite du Rhône, dans le département de l'Ardèche, produit encore les vins bien connus de Saint-Péray. M. Rendu, en parlant de ces vignobles, dit qu'ils sont complantés de roussane de l'Ermitage et qu'ils produisent les champagnes du midi de la France. Nous regrettons d'être en désaccord sur ce point avec M. l'inspecteur général de l'agriculture. Le cépage que nous avons vu à Saint-Péray, de l'avis de tous les membres de la commission, n'est pas du tout la roussane de l'Ermitage, mais bien la marsanne, qui en diffère complétement et qui produit un vin bien moins distingué.

Comme vins mousseux nous trouvons bien, avec M. Rendu, que les vins de Saint-Péray manquent de finesse et de légèreté, mais au lieu de manquer de douceur comme il le prétend, nous trouvons au contraire qu'ils en ont trop, ce en quoi ils diffèrent surtout des véritables champagnes que l'on ne pourra jamais bien imiter avec les vins trop sucrés du Midi.

A côté des vignes blanches qui produisent le Saint-Péray, on cultive aussi en assez grande quantité des cépages à vin rouge, dont quelques-uns sont loin d'être recommandables. Il est bien regrettable que dans des sites et sur un sol aussi favorables, on abandonne, pour des cépages d'abondance, la sirah qui a fait l'honneur et la richesse de ces contrées. Nous avons entendu vanter, par les vignerons de l'endroit, le corbeau que l'on cultive sous le nom erroné de beaujolais, le corbel de la Drôme, et le mourvèdre de la Provence sous le nom de flourou et de charné. On nous a montré aussi des vignes de rivier, (sans doute le même que le petit ribier de Privas) et des gamay qui ressemblent en tous points au petit gamay beaujolais. Quoique ces deux derniers cépages soient préférables aux trois précédents, nous croyons qu'ils sont loin de pouvoir donner, dans les conditions où ils se trouvent, d'aussi bons résultats que la petite sirah. Que les vignerons de Saint-Péray et des environs y fassent bien attention, qu'ils sachent bien qu'en introduisant sur leurs coteaux des vignes de basse qualité comme le corbeau et le corbel, ils auront en peu d'années discrédité la réputation de leurs crûs, et que les vins plats et noirs qu'ils produisent ne seront plus recherchés que pour les coupages et le cabaret.

Je sais que ces vignerons nous répondront que le meilleur vin pour eux est celui qui se vend le mieux, celui qui fait le plus d'argent. Ce raisonnement, certes, a bien sa valeur, mais il me semble facile de prouver qu'il n'est pas toujours juste. Si l'on vend plus facilement les vins produits par les cépages d'abondance, c'est en les donnant à plus bas prix, et si le plus grand produit compense et au delà la concession faite sur le prix de vente, il faut bien dire aussi que ces cépages communs sont pour la plupart peu réguliers dans leur produit, qu'ils s'épuisent plus vite que les vignes à production régulière, modérée, et qu'au bout d'un certain nombre d'années, ces dernières ont tout autant produit et se trouvent dans un meilleur état de bonne végétation et de bonne production.

Ce serait une grave erreur que de considérer la sirah comme un cépage peu productif et comme ne pouvant donner un produit rémunérateur que dans un grand crû. Nous avons vu à quelques kilomètres de Valence, au territoire des Teppes, lieu de Charmagnolles, une preuve bien évidente de ce que nous avançons, chez un vigneron soigneux et intelligent, le nommé Joseph Junilhon. Les vignes de ce brave vigneron sont les plus belles, les mieux soignées, les plus régulièrement chargées de raisins que nous ayons vues dans toutes nos excursions ampélographiques. Ces vignes se composent d'un tiers de sirah et de deux tiers de mondeuse, occupant chacune un ténement séparé. Nous avons comparé le produit de ces deux cépages et nous avons constaté de la manière la plus évidente et à notre grande satisfaction que les ceps de sirah étaient tout aussi chargés de raisins que ceux de mondeuse et que leur rendement serait à peu de chose près le même ; et cependant personne ne contestera à la mondeuse on persagne d'être un des cépages les plus régulièrement fertiles parmi les bons plants d'abondance. Cette belle production de la sirah, le vigneron Junilhon l'avait obtenue au moyen d'un bon choix de boutures prises sur des ceps vigoureux portant chaque année de beaux raisins. Ce procédé si simple, que pratiquent les vignerons soigneux de la Bourgogne et du Beaujolais, donne partout et toujours les meilleurs résultats : il est à la portée de tout le monde et ne demande qu'un peu de soin et d'attention. Il est donc aujourd'hui bien évident pour nous que si quelqu'un se plaint de l'infertilité de la sirah, c'est qu'il aura mal choisi ses boutures ou employé des plants défectueux.

Depuis près de vingt ans, il s'est établi sur les côtes du Rhône, aux environs de Valence, une nouvelle industrie viticole dont les produits font la richesse de quelques communes et mettent en grande valeur des terrains jusque-là improductifs. Nous voulons parler de la culture du chasselas pour l'expédition en panier. Une petite localité située près de Saint-Péray, le village de Toulaud, a surtout acquis par la qualité hors ligne de ses raisins une réputation qui lui vaut une vente facile et très-rémunératrice. La grappe claire du chasselas de Toulaud, sa couleur d'un beau jaune d'or, sa chair croquante avaient fait croire à plusieurs viticulteurs que ce chasselas était une variété distincte du chasselas doré. Après essai de plants tirés de Toulaud même, on a reconnu que ces vignes donnaient des chasselas absolument semblables à ceux que l'on connaît sous le nom de chasselas de Fontainebleau ou chasselas doré et que la qualité exceptionnelle du raisin cultivé à Toulaud venait uniquement du sol, de l'exposition et du climat où il était récolté.

Valence est le centre d'expédition des chasselas de Toulaud et des communes voisines. Au moment de la récolte, la gare de cette ville est encombrée de montagnes de petits paniers qui attendent leur expédition dans le Nord, ou qui reviennent vides pour être remplis et réexpédiés à nouveau dans nos grandes villes du Nord et même en Angleterre et en Russie.

M. Ducros, de Toulaud, un des premiers multiplicateurs de chasselas pour l'exportation, a bien voulu me donner sur la culture et la vente de ce raisin, de très-intéressants renseignements que je transcris ici.

« Avant 1850, m'écrit M. Ducros, il ne se récoltait que très-peu de chas-« selas à Toulaud ; presque tous les propriétaires en avaient cependant « quelques ceps, qui plus qui moins, mais pas un seul n'en possédait au-delà « de 1,000 à 1,200 pieds. D'où nous vient ce cépage, à quelle époque a-t-il « été importé chez nous ? Ce sont là des questions auxquelles il ne m'est pas « possible de répondre : tout ce que je sais positivement à ce sujet, c'est « qu'il se récoltait beaucoup plus de raisins à Toulaud avant notre première « révolution qu'au commencement de notre siècle.

« Les plantations de chasselas n'ont été sérieusement entreprises à Tou-« laud qu'en 1852 et 1853. Cette dernière année cinq cent mille pieds de « ce cépage furent plantés sur environ quarante hectares d'un terrain sans « valeur qui, six ou sept ans plus tard, devait produire environ 200,000 « kilogr. de chasselas de très-bonne qualité. En 1859 et 1860, commença « l'exportation en grand de notre raisin.

« Depuis cette époque, nous avons continué nos plantations, et je ne crains « pas d'être démenti en affirmant que, depuis 1864, nous exportons en « moyenne et annuellement quatre cent mille kilogr. de raisins que nous

« vendons ordinairement, depuis cette époque, cinquante francs les cent « kilogr., déduction faite des frais de transport, droit de vente et dépense « d'emballage.

« La différence qui existe entre le produit du chasselas et celui de la vigne « à vin est d'au moins soixante et dix francs par journal au bénéfice du « chasselas : c'est-à-dire que cinq cents ceps de chasselas produisent soixante « et dix francs de plus que cinq cents ceps de vignes à vin, soit, par hectare « de vigne, plus de dix-huit cents francs annuellement.

« En dehors du chasselas, on ne nous demande pour l'exportation que le « raisin connu chez nous sous le nom de passerille. Ce cépage dont le vrai « nom est, je crois, boudalès ou cinq-saut, est caractérisé par un bois rou- « geâtre, donnant beaucoup de faux bourgeons : sa feuille est très-fine, son « fruit est généralement grand, conique, lâche, son grain est elliptique, très- « gros, d'un beau noir très-fleuri ; il succède au chasselas. Cette variété n'est « cultivée à Toulaud que par moi. »

La description que nous donne M. Ducros nous ferait croire que la passerille de Toulaud est plutôt l'ulliade que le cinq-saut. Ce qui nous porterait surtout à le croire, c'est que nous avons trouvé, à Privas, l'ulliade sous ce même nom de passerille, et le cinq-saut sous celui de brunet.

Dans toutes les localités de l'Ardèche que nous avons parcourues, nous avons trouvé le chasselas aussi bon et presque aussi beau que celui de Toulaud, ce qui prouve évidemment que le sol et le climat de l'Ardèche sont éminemment favorables à la production des raisins de table, que nous n'avons jamais mangé nulle part aussi bons que dans ce pays-là. Rien de plus appétissant à voir que les belles grappes étalées sur tous les marchés, rien de plus délicieux à manger que le tsin-tsaô de Joyeuse, l'ulliaou et le roussaou d'Aubenas, le papadou et la durazaine de Privas. Ces raisins ont tous la fraîcheur, le croquant, le goût relevé qui caractérise les raisins d'élite, sans cette saveur sucrée trop prononcée que l'on reproche avec raison aux raisins de table de la Provence et du Languedoc. Il n'est pas douteux pour nous que les vignobles du midi et du centre de l'Ardèche puissent vendre à des prix aussi élevés que Toulaud, le chasselas, les ulliades, les cinq-sauts, lorsqu'ils seront desservis par une ligne ferrée qui les mettra en rapport direct avec les grands centres de consommation. Ces vignobles pourraient encore obtenir des prix plus élevés s'ils cultivaient des raisins plus précoces que le chasselas, tels que le lignan ou joannenc charnu, le chasselas Vibert, et surtout le vert précoce de Madère ou madeleine verte de la Dorée. En multipliant ces variétés précoces qui ne cèdent rien au chasselas doré, ni pour la beauté, ni pour la qualité, on pourrait présenter sur le marché des raisins huit ou dix jours avant l'apparition du chasselas, avantage immense et capital au point de vue du rendement, puisque les prix les plus élevés sont en raison directe de la précocité, c'est-à-dire de la rareté du raisin. En devançant de dix ou douze jours les premiers envois de chasselas, on serait certain de vendre à des prix très-élevés tous les raisins précoces que l'on expédierait.

L'Ardèche aurait donc grand avantage à implanter les trois cépages dont nous venons de parler, sur des coteaux réputés pour la production des bons raisins de table. En admettant que le Midi devance de quelques jours les envois de l'Ardèche, ces derniers seront toujours préférés à leur apparition sur les marchés, en raison de leurs meilleures qualités et d'une différence d'un quart en moins sur le prix du transport.

La culture du raisin de table pour l'exportation me semble un excellent moyen d'utiliser d'une manière lucrative les terrasses ou échancs construits avec tant de frais sur le flanc des montagnes ardéchoises pour retenir les terres destinées à la vigne.

M. le docteur Guyot, dans sa topographie des vignobles de France, conseille aux vignerons de l'Ardèche de tirer parti de ces murs de soutènement, en y palissant des vignes à cordons horizontaux. Ces vignes seraient, dit-il, une véritable base de richesse entièrement inconnue aujourd'hui. Nous convenons, avec M. le docteur Guyot, qu'il serait avantageux d'utiliser ces murs, mais nous ne pensons pas qu'ainsi utilisés ils puissent donner des résultats aussi beaux qu'il les fait entrevoir. Le palissage et l'accolage de ces treilles seraient beaucoup plus dispendieux que la culture avec échalas et surtout que celle sans échalas, la plus fréquente dans l'Ardèche. La maturité du raisin serait peut-être un peu plus précoce contre le mur qu'en pleine terre, mais le raisin y serait moins bon et sujet à être dévoré par les rats, ainsi que nous en avons fait nous-même la fâcheuse expérience. Aussi nous partageons complétement la manière de voir du vigneron de l'Ardèche qui faisait cette objection à M. le docteur Guyot, peu disposé à le croire et trop entiché de son palissage de vignes contre les murs.

Dans le cas où l'on voudrait utiliser ces soutènements et se préserver du dégât des rongeurs, on devrait revêtir les murs d'un bon crépissage et suspendre aux sarments porteurs de raisins, des herbes à odeur forte, telles que la menthe à feuille ronde, la lavande, qui ont la propriété d'écarter les rats; mais tous ces soins, toutes ces précautions nécessitent une grande perte de temps et des travaux dispendieux dont on retrouverait difficilement l'intérêt. Il nous paraît donc préférable de s'en tenir à la culture de pleine terre, sur souche basse à courson, parce qu'il est démontré de la manière la plus évidente que ce mode de culture est le moins coûteux, le plus facile à pratiquer, et qu'il donne les meilleurs produits lorsque la vigne est bien soignée et ne porte qu'une quantité convenable de raisins.

La partie nord du département de l'Ardèche n'a pas été parcourue par la commission dont le temps était très-limité, mais nous avons recueilli de la bouche d'un agriculteur distingué des environs d'Annonay, M. Fournat de Brézenaud, les renseignements les plus précis sur les vignes de cette partie du département. « La sirah, nous a dit M. Fournat de Brézenaud, est le cépage cultivé de temps immémorial dans le nord de l'Ardèche. On lui associe dans certains cantons un plant, appelé dans le pays, duré, et dont j'ignore le véritable nom. Ce plant donne plus que la sirah, mais un vin moins coloré, moins estimé : sa maturité est un peu plus tardive. Quelques cépages blancs sont aussi mélangés avec la sirah, mais en très-petite quantité.

« Actuellement, dans le canton d'Annonay et de Satillieu, les nouvelles plantations se font en majeure partie de gamay, mais ce plant n'a pas encore pénétré plus avant au midi du département, d'une manière qui en vaille la peine, tandis que, dans les cantons susnommés, il arrivera dans la suite à prendre la place de la sirah. »

D'après les indications de M. Fournat, nous croyons reconnaître dans le duré, qui est associé quelquefois à la sirah au canton d'Annonay, la dureza des vignobles de M. Servan. Nous sommes d'autant plus disposés à le croire que nous avons retrouvé ce cépage sur la rive droite du Rhône, près des limites de l'Ardèche, sous le nom erroné de plant de l'Ermitage.

La préférence marquée que l'on a pour le petit gamay dans la partie nord de l'Ardèche, se retrouve également dans les environs de Vienne et dans quelques vignobles de la partie nord de l'Isère, comme nous le verrons en parlant des cépages de ce département, mais partout où nous l'avons vu cultivé, nous ne lui avons pas retrouvé la régularité de produit que nous lui connaissons et les grappes si bien fournies que nous sommes habitués à lui voir porter dans le Beaujolais. Cette différence de fructification vient, sans aucun doute, d'un mauvais choix de boutures. Le petit gamay est un cépage d'un rendement précoce et régulier, mais à la condition que les sarments destinés à sa multiplication soient choisis sur de jeunes souches de cinq à dix ans d'âge au plus dans leur plein rendement et en pleine vigueur. Lorsque ces boutures sont prises sur des ceps dépassant quinze ou vingt ans, elles ne produisent le plus souvent que des vignes peu vigoureuses, s'épuisant vite et donnant des raisins mêlés de petits grains avortés que nous appelons raisins millassés ou millerandés.

Nous avons remarqué ce défaut dans des vignes de gamay, à la plaine d'Ampuis, à Saint-Péray et chez M. Destremx, député de l'Ardèche, près Joyeuse. Ce millerandé annonce généralement la décrépitude du gamay, defaut qu'il faut combattre, ou par le provignage, comme dans la Bourgogne, ou, ce que je préfère, par le ravalement de la souche que l'on a dû préparer à cette opération en laissant pousser rez terre, ou plutôt un peu au-dessous du niveau du sol, un ou deux sarments destinés à reformer le pied de vigne. Par ce procédé et par des terrages et de bonnes fumures, on ramène ordinairement les vignes millerandées à une production normale.

En quittant les vignobles de l'Ardèche, la commissiom ampélographique des agriculteurs de France s'est dirigée dans l'Isère par Saint-Marcellin, Grenoble, puis est revenue par Bourgoing, Saint-Jean-de-Bournay et Vienne.

L'Isère est, sans contredit, l'un de nos départements de France qui cultive le plus grand nombre de cépages et dans lequel on trouve les modes de culture les plus nombreux, les plus variés. Sur la rive gauche du Rhône, aux environs de Vienne, on adopte la manière de cultiver de Côte-Rôtie; plus bas, celle de l'Ermitage. Si l'on pénètre à l'intérieur du département, on trouve la vigne basse sur les coteaux et les treillages dans les parties non déclives; ces derniers varient dans leurs dispositions, de canton à canton. Ici, ils sont bas et presque rez terre; là, ils sont un peu plus élevés; plus loin, ils se dressent à quatre ou cinq pieds au-dessus du sol. Cette dernière disposition se rencontre surtout dans la plaine du Grésivaudan et dans toute la vallée haute de l'Isère jusqu'en Savoie. Dans beaucoup d'endroits, les treillages sont soutenus de distance en distance par des arbres et l'on trouve encore, sur quelques points, la vigne cultivée sur des arbres isolés, comme dans la Savoie; mais cette culture devient rare.

Cet exposé cultural, qui semble n'avoir aucun rapport avec les études ampélographiques, s'y rattache au contraire très-particulièrement, en ce sens que les divers modes de culture modifient souvent la forme et la grosseur de la grappe et rendent très-difficile la détermination exacte des variétés. Le raisin récolté sur une vigne jeune, taillée à court bois, sera plus volumineux, à grains plus gros, plus serrés que le raisin du même cépage pris sur un treillage dont les souches sont souvent plus que séculaires.

De là ces distinctions de petit et de gros appliquées à la même variété de raisin, suivant qu'il est le produit d'une vigne basse ou d'un treillage. Je sais que cette manière de voir n'est pas partagée par beaucoup de viticulteurs de l'Isère qui prennent pour des variétés distinctes ce que nous considérons comme un cépage unique : mais nous avons pour nous l'expérience faite sur plusieurs de ces prétendues variétés qui, cultivées dans les mêmes conditions, ont produit un cépage absolument identique. Je citerai, comme exemple, la grosse et la petite roussane ou roussette blanche de la Savoie, le petit et le gros persan (Savoie), petite et grosse étraire de l'Isère, que mon collègue, M. Tochon, a reconnus comme étant mal à propos distingués par les mots gros et petit, attendu que ces quatre noms ne représentent que deux variétés, la roussane et le persan.

Cette difficulté d'étudier les cépages de l'Isère sur des souches de vigne ne présentant pas les mêmes conditions de végétation, jointe aux dégâts de la gelée qui ont été considérables, surtout dans les vignes basses, ont rendu nos études bien plus difficiles et bien moins fructueuses que nous ne pensions. Cependant, grâce à l'obligeance de M. Coche, directeur de la ferme modèle de la Batie, de M. Paul de Mortillet, de M. Genin, président de la société d'agriculture de Bourgoin, de M. Peyrieux de Saint-Jean-de-Bournay, de M. Maurice Hours d'Anjou, de M. Joubert de Chonas, nous avons pu dresser la nomenclature du plus grand nombre des cépages cultivés dans l'Isère et leur appliquer un assez grand nombre de synonymies. Il restera bien certainement à étudier quelques variétés que nous n'aurons pas rencontrées, surtout dans la partie sud du département, les vallées du Drac et de la Romanche, et dans l'arrondissement de La Tour-du-Pin, mais ces variétés, d'après les renseignements que nous avons pu recueillir, n'auraient pas d'importance comme étendue de culture et ne seraient intéressantes qu'au point de vue de la synonymie qu'on pourrait leur appliquer.

Les sociétés d'agriculture de l'Isère, qui toutes nous ont paru désireuses de voir dresser une nomenclature et une synonymie exacte des cépages de leur département, ne manqueront pas de faciliter la tâche de la commission qui entreprendra l'étude définitive des cépages de cette contrée.

Les vignobles de Saint-Marcellin, les premiers que nous avons visités en entrant dans l'Isère, se composent de vignes basses en coteaux et de treillages à cultures intercalaires, dans les terrains à pente douce ou un peu plats qui permettent le labour à la charrue.

Dans les treillages, nous avons trouvé la sirah sous le nom de marsanne longue, la mondeuse sous celui de marsanne ronde et l'étraire ou persan sous celui d'aguzelle noire. A côté de ces trois cépages qui constituent le fond des treillages, on trouve quelquefois le corbeau appelé corbat, l'anet qui nous semble synonyme de viognier, le treillin qui est la dureza de la Drôme, l'écafelle qui nous représente bien le provereau ou proveraou du même département. Ce dernier est plus particulièrement cultivé en vigne basse avec la marsanne ronde ou mondeuse. On leur associe, dans quelques vignes, avec l'anet dont nous venons de parler, la buisserate, variété blanche que M. Tochon croit identique avec la jacquière de la Savoie, le bia blanc qui est le même que celui cultivé dans quelques communes du canton de Mornant (Rhône).

Sous le nom de beaujolais, quelques propriétaires de Saint-Marcellin cultivent le petit gamay dont on est, nous a-t-on dit, très-satisfait; on voit aussi quelques échantillons de pineau noir, de pineau gris, sous le nom de malvoisie. On nous a montré le bibou de la Savoie, la sirénée ou sérénèze, le grec blanc, la guignaise blanche, à laquelle nous ne saurions appliquer de synonymes; ces dernières variétés ne se trouvent dans les vignobles de Saint-Marcellin qu'en très-petite quantité et pour ainsi dire à l'état d'exception; il n'y a donc pas lieu de nous y arrêter.

Nous devons les renseignements sur les vignobles de Saint-Marcellin à un vigneron très-intelligent, très-obligeant, M. Victor Pelat, fermier de M. de Béranger.

La commission ampélographique de la société de viticulture de Lyon ayant visité, en 1869, les vignobles de Tullins et les belles cultures de M. Michel Perret, nous n'avons pas cru devoir nous arrêter dans cette localité. Il nous suffira de transcrire les renseignements que nous avons recueillis en 1869.

Les cépages dominant à Tullins et dans les environs sont : la bâtarde ou étraire (persan de la Savoie), le serène ou sérénèze de Grenoble, la marsanne noire ou petite sirah, le corbeau, l'anet blanc que nous croyons synonyme de viognier, et le plant durif noir. Ce dernier, nous a-t-on dit, a été introduit dans le pays par M. le docteur Durif, mais on n'a pas su nous indiquer d'où il l'avait tiré. Le plant durif a beaucoup de ressemblance avec le baclan du Jura, nous ne pouvons toutefois affirmer positivement leur identité avant de les avoir vu fructifier à côté l'un de l'autre. Dans tous les cas, c'est une variété de vigne recommandable: nous en avons vu des souches magnifiques chez M. Gaillard, pépiniériste à Brignais.

Lorsqu'on se dirige de Tullins à Grenoble, par Moirans et Voreppe, on retrouve les mêmes cépages qu'à Tullins. A Voreppe, on cultive en outre la marsanne sous le nom d'avillan, l'aguzelle blanche qui paraît être la clairette, le peloursin des environs de Grenoble appelé gros salet par les vignerons de l'endroit.

Dans la vallée du Grésivaudan, qui commence à Grenoble et finit aux confins de la Savoie, les terrains de la plaine ou de la mi-côte sont plantés en treillages hauts, entre lesquels on cultive à la charrue des céréales, des fourrages artificiels, etc. Sur les coteaux où le labour à la charrue n'est plus possible, la vigne basse, sans cultures intercalaires, occupe la plus grande partie du sol. On y rencontre aussi, dans les rampes les plus douces, des vignes en lisses basses ou treillages bas, mais ce mode de culture est moins fréquent que les deux précédents.

Notre commission, qui avait étudié jusque-là les vignes sur des souches basses, a constaté que les mêmes cépages qu'elle avait vus dans les vignobles voisins, prenaient un tout autre aspect lorsqu'ils étaient cultivés en treillages hauts comme ceux du Grésivaudan, et que, sur ces treillages, il y avait encore une différence très-marquée entre les raisins portés par un treillage vigoureux et ceux provenant d'une végétation un peu maigre. Les caractères botaniques restant les mêmes, la feuille du cépage est plus ou moins ample, plus ou moins étoffée, la grappe plus ou moins volumineuse, le grain plus ou moins gros, plus ou moins serré, suivant la vigueur du pied de vigne. De là, comme nous l'avons déjà dit en commençant, une grande difficulté pour arriver à déterminer exactement et sûrement les variétés de vignes que nous avions devant les yeux. Certaines variétés étant spécialement cultivées en treillages, il ne nous était pas loisible de les étudier ailleurs : les vignes basses avaient souffert beaucoup de la gélée, elles ne se trouvaient pas dans des conditions normales pour être étudiées.

Nous comptions beaucoup sur la belle collection de vignes du jardin botanique de Grenoble, sur celle non moins nombreuse de M. Coche, directeur de la ferme-école de Saint-Imier, pour faciliter nos études, mais ces collections en vignes basses, où l'on trouve tous les cépages de l'Isère, ont tellement été endommagées par les froids de 1870 et 1871, qu'on n'y voyait aucun fruit, lors de notre passage, en septembre dernier. Nous avonc donc dû parcourir les vignobles des environs de Grenoble pour rechercher les variétés qu'on y cultive, soit en vignes basses, soit en treillages.

Les cépages rouges qui dominent dans les hauts treillages du Grésivaudan sont l'étraire que l'on trouve également en abondance dans les vignes basses. Ce cépage commence à paraître au sud de l'Isère, aux vignobles de Saint-Marcellin, sous le nom d'aguzelle noire ; il domine dans toute la vallée de l'Isère, jusqu'aux limites de la Savoie, sous le nom d'étraire, puis reparaît cultivé en grand et sans mélange dans la vallée de l'Arc, aux environs de Saint-Jean-de-Maurienne, où il est appelé princens, du nom du vignoble où il produit des vins très-distingués. Il est cultivé aussi dans d'autres vignobles de la Savoie, le long de la vallée de l'Isère, sous le nom de persan. L'étraire paraît être un cépage spécial à la vallée de l'Isère : nous ne l'avons rencontré qu'exceptionnellement hors de cette station. Il paraît d'ailleurs très-bien approprié à cette région et nous ne doutons pas que les vignerons du Grésivaudan, en cultivant l'étraire seul et sans mélange, en vigne basse surtout, n'obtiennent des vins aussi bons que ceux de Princens dans la vallée de l'Arc.

Malheureusement, on lui associe partout, surtout dans les hauts treillages, le peloursin que nous avons reconnu en tous points semblable à la dureza de la Drôme. Cépage grossier, sujet à la pourriture, nous disait M. Servan de la Roche-de-Glun, qui ne rachète ces grands défauts que par une grande fertilité et par une rusticité remarquable. De l'avis des vignerons grenoblois, le peloursin est, de tous les cépages de la vallée de l'Isère, celui qui a le mieux résisté aux froids rigoureux de 1870 et 1871. A côté du peloursin, on rencontre le provereau ou proveraou, son digne associé, que nous avons vu cultivé en grand dans le nord de la Drôme et dont nous ne parlerons pas davantage puisque nous l'avons déjà décrit. Le picot rouge, qui n'est autre que le corbeau du Lyonnais, douce noire de la Savoie.

La marsanne noire représente ici, comme à Tullins, la petite sirah dont on ne trouve, hélas! que trop peu de souches au milieu de tant de cépages inférieurs.

Les vignes à vin rouge que nous venons de nommer garnissent, dans des proportions très-variables, les treillages du Grésivaudan. On pourrait y ajouter encore quelques variétés que l'on y rencontre exceptionnellement, mais nous donnerons ces noms en parlant des vignes basses où l'on trouve plus particulièrement celles dont il nous reste à parler.

L'étraire ou persan est le plant dominant dans les vignes basses comme dans les hauts treillages. La mondeuse, si estimée dans la Savoie où elle produit des vins justement estimés, est ici reléguée parmi les plants inférieurs : on lui préfère la sérénèze, cépage plus tardif mais plus fin. La sérénèze serait, d'après M. Buisson de la Tronche, le plus riche en sucre de tous ceux cultivés dans la vallée de l'Isère. Il est spécialement planté en vigne basse et se rencontre rarement dans les treillages. Le peloursin, le provereau, le picot rouge, figurent aussi quelquefois dans les vignes basses, mais en petite quantité. Ce sont surtout des vignes de treillage.

Il existe encore beaucoup d'autres variétés de raisins rouges dans les vignes basses du Grésivaudan, mais on ne les trouve qu'en très-petite quantité mélangées avec celles que nous venons de nommer. Comme ils sont généralement peu méritants, nous ne ferons que les mentionner en indiquant les synonymes que nous connaissons. Ce sont :

La corbesse, corbel de la Drôme, vert chenu, gros chenu (canton de Roussillon) vert chanu à Heyrieu, persagne gamay (Rhône), chatus (Ardèche) ;

La cornelanche, inconnue ;

Le cornet, qui nous paraît le même que celui de la Drôme ;

Le cugnier ou requête, que nous reconnaissons pour le mourvèdre du Var, cépage trop tardif pour la vallée de l'Isère ;

Le gamiau rouge, variété impossible à déterminer à cause des renseignements contradictoires recueillis à son sujet ;

Le goulu noir paraît être le mornen noir ;

Le luisant ressemble en tous points au hibou de la Savoie que nous croyons, jusqu'à preuve contraire, l'aramon ou plant-riche de l'Hérault ;

Le meulan ou molan rappelle, par tous ses caractères, le molar des Hautes-Alpes ;

Le sept-en-brot nous est inconnu, à moins qu'on ne veuille désigner sous ce nom le chasselas rose qui est connu dans quelques localités de l'Isère sous le nom de septembro, ou raisin de septembre ;

La viaune rouge de Voreppe serait, d'après M. Servan, le provéral de la Drôme.

Les vignes blanches que nous avons trouvées dans la vallée du Grésivaudan ne sont pas cultivées à part pour en faire des vins blancs, mais bien plantées pêle-mêle à travers les vignes rouges, dans la proportion d'un dixième et souvent plus. Leur vendange est jetée à la cuve avec le raisin rouge, sans tenir compte de la maturité, quelquefois très-différente, de beaucoup d'entre elles. Les variétés qui nous ont paru les plus cultivées sont :

La verdasse, qui a pour synonymes : verdesse musquée, muscadelle à Claix, verdesse muscade à Voreppe. Ce n'est ni la muscadelle du Bordelais, comme pourrait le faire croire l'un de ses synonymes, ni le sauvignon du comte Odart, comme le pensent quelques viticulteurs. Nous avions pensé d'abord que la verdasse pourrait bien être le cépage appelé, par le comte Odart, malvoisie jaune de la Drôme, variété dont nous n'avons trouvé aucune trace dans ce département, mais, après comparaison faite, nous voyons qu'il n'y a pas d'analogie entre ces deux vignes.

La verdasse du Grésivaudan a la feuille glabre sur les deux faces, un goût musqué assez prononcé, tandis que la malvoisie jaune du comte Odart en est à peu près dépourvue, et sa feuille est inférieurement tomenteuse sur les nervures.

Viennent ensuite :

La cugniette. D'après mon collègue M. Tochon, qui connaît à fond les cépages savoisiens, cette vigne serait la jacquère que l'on cultive en grand aux Abîmes de Myans, près Chambéry, et non le viognier, comme l'ont écrit quelques auteurs;

L'avilleran. S'il peut y avoir divergence d'opinion sur la synonymie de la cugniette, toutes les personnes qui voient l'avilleran et qui connaissent la marsanne de l'Ermitage reconnaissent sans hésiter que ces deux cépages ne font qu'un;

Le revolat, que M. de Mortillet croit synonyme de la roussane de l'Ermitage, nous paraît être plutôt le maclon qui est bien distinct du viognier, comme nous l'avons reconnu sur les observations fort justes de M. Joubert;

La galopine serait, à notre avis, le cépage qui représenterait le mieux le viognier;

Le porientat ou ébaude est connu encore dans la vallée de l'Isère sous les noms de pisseux et de riclaux. Cette variété est fertile, assez précoce, mais de mauvaise qualité. C'est sans doute la baude de M. Servan mentionnée aux vignobles de la Drôme.

Le lardot est bien évidemment le chasselas doré de Fontainebleau;

L'aguzelle blanche nous présente tous les caractères de la clairette ;

Le colombart ou colombo nous semble similaire du colombo de Provence;

Le bia est bien le même cépage que nous avons trouvé sous ce nom dans le département du Rhône et à Saint-Marcellin;

Le gamiau blanc se rapproche beaucoup du lardot ou chasselas, mais nous ne saurions affirmer que ces deux noms désignent la même variété.

De tous ces cépages qui ne forment pas, nous en sommes persuadés, la nomenclature complète des vignes blanches cultivées dans le Grésivaudan, quatre ou cinq au plus nous semblent devoir fixer le choix des vignerons de ce pays-là :

La verdesse musquée;

La galopine ou viognier, ou bien, à son défaut, le revolat ou maclon pour les vins fins ;

L'avilleran ou marsanne;

Et la cugniette ou jacquère pour les vins ordinaires ou communs.

Toutes les autres variétés nous paraissent inférieures ou mal appropriées à cette contrée.

Lorsque l'on quitte la vallée de l'Isère, à Moirans, pour se diriger sur Lyon, le chemin de fer traverse, du sud au nord, du Grand-Lemps à La Verpillière, un vaste plateau, dit des Terres-Froides, où la vigne occupe de grands espaces de terrain à une altitude de quatre ou cinq cents mètres. Le plus souvent elle y est cultivée en lisses basses, surtout dans la partie sud. Dans la partie nord, au contraire, la vigne à taille courte sur souche basse est presque le seul mode de culture adopté. Les hauts treillages, que l'on apercevait encore à Moirans, ont ici disparu et avec eux la plupart des cépages du Grésivaudan. On ne retrouve plus de ces derniers que la mondeuse et le corbeau, encore ne figurent-ils qu'en petites proportions dans l'arrondissement de La Tour-du-Pin, point central du plateau des Terres-Froides dont nous avons parlé.

A Bourgoin, où nous avons visité des vignobles en compagnie de M. Genin, président de la société d'agriculture de cette ville, nous avons trouvé deux variétés de vignes, le mècle et le martelet, qui sont pour nous tout à fait nouvelles. La première de ces variétés forme, pour ainsi dire, à elle seule, les vignobles de Saint-Savin qui produisent, à quelques kilomètres nord de Bourgoin, les vins les plus renommés du pays. Ce cépage nous semble mériter l'attention des viticulteurs.

M. le docteur Guyot, dans ses études sur les vignobles de France (sans doute à cause de la conformité des noms), dit que le mècle de Bourgoin n'est autre que le mescle ou methe du Bugey, poulsard du Jura, et de là il conclut que l'on trouve, dans l'arrondissement de La Tour-du-Pin, les treillages du Bugey et les cépages de l'Ain et du Jura, le mescle et le baclan. A première vue, nous avions aussi pensé avec mon collègue, M. Tochon, que le mècle de Bourgoin devait être le même que le mescle du Bugey, et nous étions d'autant plus portés à le croire, qu'il y a entre eux une certaine ressemblance, mais, après un examen attentif, nous avons constaté que ces deux cépages, quoique portant le même nom, sont tout à fait distincts. Nous signalons, en deux mots, les différences qui les distinguent. Le cépage jurassien a la feuille glabre et lisse, sa grappe, d'un rouge clair, donne un vin léger, rose foncé. Le mècle de Bourgoin porte, au contraire, une feuille garnie à son revers d'un duvet aranéeux; sa grappe, à beaux grains d'un noir foncé, produit un vin d'une riche couleur, caractérisé par un peu de raideur et beaucoup de plénitude.

Pour trancher définitivement cette appréciation, nous avons prié M. Genin de vouloir bien apporter, le 5 octobre, à la commission ampélographique qui siégeait au pavillon des agriculteurs de France, à l'exposition universelle de Lyon, des échantillons du mècle de Bourgoin. M. Genin, que nous devons ici remercier de sa gracieuse obligeance, a bien voulu venir exposer lui-même son raisin favori devant la commission qui comptait parmi ses membres deux vignerons émérites du Bugey, M. Mas et M. le docteur Gromier, plus deux ampélographes jurassiens, M. Peltier, vice-président de la société d'agriculture de Poligny, et M. Charles Rouget, de Salins, l'auteur de l'ampélographie jurassienne qui fait partie de notre rapport. Ces quatre juges très-compétents ont tous reconnu que le cépage présenté par M. Genin n'était pas du tout le mescle du Bugey ou poulsard du Jura, mais ni eux, ni aucun des membres de notre commission, n'ont pu donner aucune synonymie au cépage de Saint-Savin qui nous semble une variété nouvelle assez recommandable. Faute d'un autre nom, nous ne pouvons moins faire que de lui conserver celui sous lequel il nous a été présenté, mais il serait à désirer qu'on pût lui trouver une autre dénomination afin d'éviter la confusion qu'entraîne toujours avec elle une similitude de noms.

L'autre cépage nouveau que nous a montré M. Genin, le martelet, entre avec le corbeau et la mondeuse pour un cinquième dans la composition des vignes de mècle des environs de Bourgoin. Ce cépage ne nous semble pas du tout représenter le baclan du Jura qui serait, d'après M. le docteur Guyot, l'associé du mescle-poulsard aux vignobles de Bourgoin. Une des raisons principales qui nous le font croire, sans parler des autres, c'est que le martelet mûrit tardivement, tandis que le baclan est un cépage de première époque. Cette maturité tardive du martelet le rend tout à fait impropre au plateau des Terres-Froides d'où il doit être proscrit.

On trouve, à Bourgoin et dans les environs, quelques vignes de gamay qui tend à se propager et avec raison dans cette contrée. Ce cépage nous paraît, en effet, par sa maturité facile, mieux approprié au climat du plateau des Terres-Froides que la mondeuse et même le mècle. C'est ce que pensent quelques viticulteurs de Saint-Jean-de-Bournay et de la Côte-Saint-André dont les jeunes vignes sont presque toutes plantées de petit gamay beaujolais. Nous avons vu, chez M. Peyrieux, maire de Saint-Jean-de-Bournay, prime d'honneur des agriculteurs de France au concours régional de 1872, de fort belles vignes de gamay dépassant de beaucoup, comme rendement, les vignobles du pays et donnant un vin de meilleure qualité. M. Peyrieux cultive aussi en grand, sur un coteau admirablement exposé, le franc pineau de la Bourgogne, dont il obtient un produit bien supérieur aux vins du pays. Malgré les beaux résultats obtenus par ces deux cépages, M. Peyrieux conserve toujours un certain culte pour la mondeuse ou persagne qui est le plant le plus anciennement cultivé dans le pays. Si la persagne, nous dit M. Peyrieux, donne un vin dur, il rachète cette rudesse par une solidité à toute épreuve : avec l'âge, cette rudesse disparaît et fait place à un bouquet, à une saveur qui n'est pas sans agrément.

Dans les vieilles vignes de Saint-Jean-de-Bournay, plantées en grande partie de persagne ou mondeuse, on trouve quelques cépages blancs qui entrent dans la confection des vins rouges. Sous le nom de fromentot gris, nous avons reconnu le chany gris du canton de Roussillon ; la roussane de l'Ermitage nous a paru représentée par le fromentot jaune, et le maclon de Côte-Rôtie par le sanci. On cultive beaucoup aussi, à Saint-Jean-de-Bournay, depuis plusieurs années, sous le nom de plant de Montagnat, un cépage apporté du Beaujolais, dit-on, par un vigneron appelé Montagnat. Comparé avec le petit gamay que M. Peyrieux tenait des meilleurs crûs de ces vignobles, le plant Montagnat, tout en ayant les caractères du gamay, nous a paru donner une grappe plus volumineuse, à grains plus gros ; sa feuille est plus épaisse, plus duveteuse à sa face inférieure ; sa maturité, d'après les vignerons de l'endroit, est moins facile que celle du gamay planté par M. Peyrieux et donne un vin inférieur. Quoi qu'il en soit, ce cépage est rustique et fertile : ce sont deux raisons suffisantes pour le faire rechercher des planteurs de vignes qui ne visent que médiocrement à la qualité.

Au nord des vignobles dont nous venons de parler, dans la partie du plateau des Terres-Froides qui s'abaisse en se rapprochant du Rhône, dans le vaste circuit qu'il décrit depuis Morestel jusqu'à Lyon et de là à Vienne, la mondeuse fait le fond des vignobles. Le gamay cherche à la supplanter sur plusieurs points, mais, jusqu'à présent, il n'occupe encore qu'un espace restreint. Nous pensons, avec le docteur Guyot, que ce dernier cépage serait mieux que tout autre approprié au climat et au sol de cette partie de l'Isère où la maturité des raisins de deuxième époque ne se fait pas toujours facilement. Dans les environs de Vienne, le gamay commence à prendre une grande extension, et, comme nous l'a dit M. Trénel, président du comice agricole de cette ville, il tend de plus en plus à supplanter les autres cépages.

Dans le canton de Roussillon, par où se termine notre excursion ampélographique, plusieurs plantations de gamay ont donné les meilleurs résultats; nous avons vu, entre autres, chez M. Maurice Hours et chez M. Hours, notaire à Anjou, plusieurs hectares de ce plant dont le produit, comme qualité et comme quantité, est supérieur à celui des cépages du pays. Les vignes anciennes du canton de Roussillon sont, comme la plupart des vignobles de l'Isère que nous avons parcourus, plantées d'une quantité de raisins blancs et rouges dont la réunion dans une même vigne est tout à fait contraire à toutes les saines doctrines de la viticulture. Il est impossible de fixer, même par à peu près, la proportion dans laquelle toutes ces variétés de vignes sont plantées, parce que cette proportion varie suivant le caprice de chaque vigneron. On peut dire, cependant, que les variétés de vignes les plus cultivées sont: le pressan ou étraire, qui est bien le même cépage que nous avons vu sous ce dernier nom dans le Grésivaudan, la persagne ou mondeuse, la corbeille ou corbeau, la sérine ou sirah de l'Ermitage.

Parmi les plants moins cultivés, nous remarquons le petit persan ou plant d'Haretaut, qui diffère du persan ou étraire par une feuille profondément sinuée et par des grains presque ronds, tandis que le vrai persan a les grains très-olivoïdes et la feuille peu ou point sinuée. La différence très-marquée qui existe entre ces deux cépages portant le même nom, nous fait croire que ce sont deux variétés bien distinctes, et que le petit persan, que nous venons de signaler, devrait porter seulement le nom de plant d'Haretaut, pour éviter toute confusion.

Le révier d'Anjou aurait beaucoup de ressemblance avec le petit ribier d'Aubenas et le petit rouvier de Privas; il pourrait être leur synonyme s'il ne différait de ces derniers par une saveur de sauvignon très-accentuée, que nous n'avons jamais remarquée dans aucun raisin rouge.

Le carnare noir est un plant très-anciennement connu dans le pays; il ne se trouve plus aujourd'hui que dans les vieilles vignes. Malgré sa bonne fertilité et la bonne qualité de son vin, il a été abandonné pour des variétés plus productives.

Sous le nom de plant d'abas noir, nous avons retrouvé le dureza de M. Servan, le pelourseau sous celui d'anèche. Le plan d'abas blanc représente le grec blanc.

Le rougeard et le chenu sont pour nous des variétés inconnues, mais nous ne pourrions pas certifier qu'elles n'ont pas de synonymes. Elles ne paraissent pas, d'ailleurs, assez méritantes pour que nous puissions en recommander la multiplication.

Telles sont les variétés de vignes que nous avons été à même d'étudier pendant les quatre jours consacrés à visiter les vignobles de l'Isère. Nous ne nous dissimulons pas que cette étude est fort incomplète et qu'il reste encore beaucoup à faire pour dresser en son entier la nomenclature et la synonymie des cépages de ce département, travail qui nécessiterait au moins un mois d'études sérieuses, mais nous croyons, du moins, que, dans les vignobles visités, nous avons signalé les vignes qui s'y cultivent et les synonymies qu'on doit leur appliquer.

Il résulte de l'ensemble de nos excursions dans la Drôme, l'Isère et l'Ardèche, qu'à partir de Lyon, ou du moins à quelques lieues au-dessous de cette ville, commence une région viticole que l'on pourrait appeler région intermédiaire entre les vignobles du centre de la France et ceux du midi. Dans cette zone, qui comprend seulement les vignobles de la rive droite et gauche du Rhône et de ses affluents, depuis Lyon jusqu'à Montélimart, on ne trouve plus qu'à l'état d'exception les cépages de première époque de maturité, le pineau et le gamay. Les vignes qui peuplent cette région viticole sont à peu près toutes de deuxième époque. Si, sur quelques points, on voit encore apparaître le gamay disputant le terrain à la mondeuse sur les coteaux sud des environs de Lyon où il produit les vins renommés de Sainte-Foy et du clos de la Gallée, si on le retrouve sur les plateaux élevés du nord de l'Isère, sur les montagnes de la partie sud du département du Rhône et sur celles du nord de l'Ardèche et dans la vallée haute de la Loire qui touche à la région que nous avons parcourue, c'est que sur ces points élevés les cépages de deuxième époque n'arrivent pas toujours à maturité, et que dans ces conditions la vigne beaujolaise est, sous tous les rapports, plus avantageuse.

Le cépage dominant de la vallée du Rhône, depuis la frontière suisse jusqu'à Vienne, est la mondeuse ou persagne; on pourrait même dire qu'il étend sa domination jusqu'à Valence, si la sirah ou sérine ne venait occuper, sur ce parcours, tous les coteaux à bon vin, pour ne lui laisser que les plaines où il produit des vins communs et d'ordinaire de très-bonne consommation. Les vins de mondeuse, lorsqu'ils sont bien faits, sont solides, riches en couleur, mais un peu âpres. En vieillissant ils perdent cette âpreté, deviennent plus clairs, brillants, agréables, et constituent une boisson fortifiante et hygiénique.

La mondeuse nous paraît admirablement appropriée à la partie de la vallée du Rhône dont nous avons parlé, partout où elle peut mûrir facilement chaque année et partout où l'on n'a pas l'espoir de produire des vins fins. Les cépages rouges qu'on lui associe souvent dans quelques vignobles de cette contrée, loin de produire un bon effet, ne font que nuire à ses qualités. Il est donc préférable de la planter seule, ou de lui adjoindre, dans la proportion d'un dixième au plus, un bon cépage blanc pour donner à son vin du montant et de la finesse.

Si de la vallée du Rhône nous passons à la vallée de l'Isère, dont le cours est presque parallèle à celui de ce grand fleuve, sous une latitude un peu plus méridionale, nous retrouvons principalement sur la rive droite de cette rivière, depuis sa vallée haute jusqu'aux confins sud de la Savoie, des vignobles complantés de mondeuse où l'on récolte des vins de très-bonne qualité, tels que les Montmélian, les Saint-Jean-de-la-Porte, les Cruet, les Chignin. A partir des limites de ce département, la mondeuse cesse d'être estimée et se voit supplantée par un cépage que nous trouvons sous différents noms sur tout le parcours de l'Isère, depuis son entrée dans le département de la Drôme jusqu'à sa sortie du département de la Savoie et dans la vallée de l'Arc, sur les coteaux élevés de la Maurienne, à Prinsens, à Saint-

Jean-de-Maurienne, où il donne des vins très-estimés, proclamés à l'exposition universelle de Lyon les plus méritants et les plus fins de tous les vins rouges de la Savoie. Ce cépage est le persan, connu encore dans la Savoie sous le nom de beccu, becuette, prinsens, étris. Dans le Grésivaudan, on le nomme étraire, à Tullins c'est la bâtarde, à Saint-Marcellin l'aguzelle noire, à Anjou le prinssan. De l'avis de tous les viticulteurs des environs de Grenoble, aucun des nombreux cépages cultivés dans le Grésivaudan ne peut donner à un si haut degré que le persan qualité et quantité. Et cependant, au lieu de le cultiver seul, surtout dans les vignes basses, on lui associe le plus souvent des cépages inférieurs, qui ôtent à ce vin le cachet particulier qu'il pourrait avoir, pour ne produire qu'une boisson commune, sans aucun bon caractère.

La vallée de l'Isère, dans toute l'étendue de ce département, devrait, à notre avis, planter le persan sans mélange d'autres plants. Ce serait le moyen de produire des vins similaires dans toute la vallée, et d'obtenir ce que l'on appelle, en terme du métier, un vin marchand, un vin que le commerce puisse utiliser, tandis que les produits qui résultent du mélange de quinze à vingt cépages, mûrissant les uns après les autres, quelquefois à de grands intervalles, ont tous les goûts possibles, sauf le goût d'un bon vin. Les vignerons du Grésivaudan nous sembleraient entrer dans une bonne voie s'ils adoptaient exclusivement le persan ou étraire pour leurs plantations nouvelles, et s'ils ne laissaient exister avec lui, dans leurs vignes basses existantes, que la sirah et la sérénèze avec un ou deux bons cépages blancs pour arracher tous les autres et les remplacer par du persan.

Le principe d'un seul cépage dominant pour la constitution d'un vignoble, est aujourd'hui admis par tous les viticulteurs qui se rendent compte des faits et de l'expérience acquise. Il n'existe pas, que nous sachions, un vin d'une certaine réputation produit par une collection de cépages, tandis que tous nos grands crûs ne sont généralement peuplés que d'une seule variété de vigne, à laquelle on ajoute, dans des proportions variables, une ou deux vignes blanches de premier choix. Telle est la méthode adoptée dans la Champagne, la Bourgogne, le Bordelais, à l'Ermitage et dans le Beaujolais, méthode que l'on ne saurait trop recommander à tous les propriétaires de vignes qui veulent suivre les saines notions de la viticulture et de la vinification. On objecterait en vain que certains cépages se complètent les uns par les autres, que l'un donne le tannin, l'autre la matière colorante, celui-ci l'alcool, celui-là la finesse et le bouquet; pour nous, la vigne qui ne réunit pas les qualités requises pour faire à elle seule un vin complet et solide, n'est pas digne de figurer dans un vignoble d'une certaine réputation.

Ce que nous venons de dire d'une manière générale des cépages de l'Isère, s'applique aussi à la Drôme et à l'Ardèche, où la même confusion existe dans le plus grand nombre des vignobles. A part l'Ermitage et les coteaux de la rive droite et de la rive gauche du Rhône, où la sirah se cultive presque exclusivement, nous retrouvons dans les départements sus-nommés les mêmes errements que dans la vallée de l'Isère, et, comme nous l'avons déjà fait remarquer plus haut en parlant des cépages de Privas, la qualité des vins que nous avons dégustés dans ces départements est en raison inverse de la quantité des vignes diverses que l'on emploie pour leur confection.

Le nord de la Drôme devrait donc proscrire tous les cépages de basse qualité qu'il cultive, tels que le proveral, la dureza et même le corbel, pour ne conserver que la sirah et la mondeuse, la première pour les vins fins, la seconde pour les vins d'ordinaire et d'abondance.

Nous ne sommes guère à même de porter un jugement sur les vignes du midi de la Drôme, puisqu'elles appartiennent presque toutes à la région méditerranéenne, mais il nous semble cependant que les vignerons de cette contrée auraient bien fait de conserver leurs anciens cépages, les picpoule et les terret (ce dernier résiste mieux que tout autre au phylloxera), plutôt que de planter en si grande quantité le grenache, dont on est aujourd'hui engoué, mais qui ne nous semble pas du tout approprié ni à la Drôme, ni au midi de l'Ardèche où il est aussi en grande faveur. Les vignes que nous conseillerions dans les vignobles d'Aubenas, l'Argentière et Joyeuse, seraient, en noir, l'ulliade, le tsin-tsaô et le rivier ou rouvier; et en blanc, la raisaine et le roussaou. Avec ces cinq variétés, que l'on pourrait cultiver isolément en les appropriant au sol et au climat, on serait certain de produire des vins bien supérieurs à ceux qui proviennent de la nombreuse nomenclature de vignes que nous avons dressée dans ce département.

La partie de l'Ardèche riveraine du Rhône doit bien se garder d'abandonner, pour des cépages soi-disant plus productifs, la sirah qui peuple les vignobles de Saint-Joseph, de Cornas et autres, car c'est à elle qu'ils doivent leur réputation si bien acquise. Nous ne donnerions pas le même conseil de conservation aux vignerons de Saint-Péray à l'endroit du cépage qu'ils cultivent. Nous pensons, au contraire, que s'ils remplaçaient la roussette, qui n'est autre chose que la marsanne, cépage de second ordre, pour ne pas dire plus, par le viognier de Condrieu ou par la roussane de l'Ermitage, ils donneraient à leurs vins un bien plus haut degré de qualité.

La Société des agriculteurs de France et sa déléguée, la société régionale de viticulture de Lyon, en travaillant à l'étude des cépages de notre région, ne cherche pas seulement à établir la nomenclature de toutes les variétés de vignes qu'on y cultive, à indiquer leurs nombreuses synonymies, elle veut aussi et surtout signaler les variétés vraiment bonnes, celles qui conviennent plus particulièrement à telle ou telle région, à tel ou tel sol, soit pour produire des vins fins, soit pour obtenir des vins ordinaires et communs, qui ne sont ni les moins intéressants, ni les moins utiles.

Nous croyons être complétement dans les idées des agriculteurs de France, nous croyons répondre au désir de tous les viticulteurs sérieux, en réduisant au nombre le plus restreint possible les cépages véritablement recommandables pour la vinification. En établissant cette nomenclature restreinte, nous avons voulu faciliter aux viticulteurs un bon choix de vignes et leur éviter des déceptions et des mécomptes trop fréquents. C'est dans ce but que, pour toute la région que nous avons parcourue, nous ne conseillons que sept à huit raisins noirs, et dans ce nombre deux ne sont désignés que sous toute réserve, la sérénèze de la vallée de l'Isère et le mècle des environs de Bourgoin, parce que nous ne les avons pas encore suffisamment étudiés. Dans les raisins blancs, notre choix se bornerait à cinq: le viognier, la roussane, qui nous sont bien connus, la durazaine, le roussaou que nous avons vus pour la première fois dans l'Ardèche, et la verdasse de l'Isère, dont on pourrait même se passer si l'on cultive la roussane ou revolat de l'Isère, et le viognier qui est la galopine du même département.

Il ne nous est pas possible, comme on le pense bien, de désigner d'une manière absolue le cépage qui doit être cultivé dans telle ou telle partie d'un département. La composition du sol, son orientation, l'altitude des terrains à cultiver, sont autant de causes qui doivent déterminer le choix d'un cépage. Étant donnés les plants les plus convenables à une région, c'est au viticulteur de les expérimenter, de les comparer entre eux et suivant le but qu'il se propose, et de faire son choix d'après les résultats obtenus.

Là où finit le rôle de l'ampélographe, là commence celui du vigneron.

En terminant notre rapport sur les cépages des trois départements que nous avons visités, qu'il nous soit permis de soumettre à la haute appréciation des agriculteurs de France notre manière de voir sur un mode de procéder aux études ampélographiques qui nous paraît plus simple, plus naturel que celui adopté jusqu'à présent. Au lieu de diviser la France viticole par degrés de latitude, comme l'a fait le comte Odart, ou par régions, comme nous l'avions proposé dans un de nos précédents rapports, nous serions d'avis d'adopter la division par les bassins des fleuves. Nous formerions trois grandes divisions viticoles :

1° Bassin du Rhône et de ses affluents ;

2° Bassin de la Gironde, auquel on ajouterait les vallées de l'Adour et de la Charente ;

3° Bassin de la Loire et de ses affluents ;

Et enfin, une division supplémentaire qui comprendrait la vallée de la Seine supérieure et les affluents français du Rhin.

Ces quatre grandes divisions par les vallées des fleuves se subdiviseraient lorsqu'il y aurait lieu. Ainsi, pour la vallée du Rhône on formerait la région supérieure, qui comprend tous les vignobles au-dessus de Lyon, sur le cours de la Saône et de ses affluents; la région intermédiaire qui s'étendrait sur tout le cours du Rhône et ses aboutissants, depuis Genève jusqu'à Montélimart; et enfin la région du sud qui serait formée de tous les vignobles de la rive droite et gauche du Rhône, à partir des limites sud de la Drôme jusqu'à la Méditerranée.

La subdivison du bassin de la Loire ne nous semble pas du tout nécessaire, attendu que ce fleuve, sur tout son parcours, depuis sa source dans les montagnes de l'Ardèche, jusqu'à son embouchure dans l'Océan, se trouve sous un climat qui ne comporte pas d'autres cépages que ceux de première époque ; ceux plus tardifs n'y atteignent qu'exceptionnellement leur maturité complète.

La Gironde coule à peu près dans la même direction que la Loire; de l'est-sud à l'ouest-nord, mais sous un climat beaucoup plus chaud et de température presque égale. Sauf la haute vallée de la Dordogne, où l'on ne peut espérer une maturité complète qu'avec des vignes précoces, tous les vignobles que parcourent la Gironde et ses affluents, tous ceux qui se trouvent sur le cours de la Charente et de l'Adour, doivent cultiver des vignes de deuxième époque, et sur plusieurs points les plus chauds ils peuvent même planter des cépages plus tardifs ; mais en somme, ces derniers, comme ceux de première époque, ne constituent qu'une faible partie des vignobles du bassin de la Gironde, et pour cette raison il ne nous semble pas utile de le subdiviser. Il en serait de même de la division supplémentaire, la vallée de la Seine.

C'est par l'examen attentif des variétés de vignes qui peuplent nos vignobles français, que nous avons été amenés à croire que l'étude de nos cépages, faite par les bassins des fleuves, est la plus naturelle, la plus rationelle et sera la plus fructueuse si l'on veut bien l'adopter. Il suffit de jeter un coup d'œil sur les trois grands bassins viticoles de nos fleuves pour se convaincre que chacune de ces vallées possède des cépages spéciaux, et que l'on ne retrouvera pas dans l'une d'elles, quoique sous le même degré de latitude, les variétés de vignes cultivées dans l'autre. Ainsi les cabernet du Médoc ne se trouvent qu'à l'état d'essai dans la vallée du Rhône, ou bien en minime proportion sur quelques points de la vallée de la Loire, dans laquelle ils sont d'ailleurs tout à fait déplacés. Il en est de même du persan, de la mondeuse, que l'on ne retrouve ni dans la vallée de la Loire, ni dans celle de la Gironde ; si le gamay domine dans les vignobles du haut bassin de la Loire qui touche au département du Rhône, à partir des limites ouest-nord de ce département, il a disparu pour faire place à d'autres cépages qui sont loin cependant de convenir aussi bien que lui au climat où on les cultive. Dans toute la partie inférieure de la vallée de la Loire, il ne figure plus qu'à l'état d'essai, non plus que dans toute la vallée de la Gironde. Nous ne voulons pas dire par là que tous ces cépages ne donneraient pas de bons résultats si on les transportait d'un bassin de ces fleuves dans l'autre, bien au contraire, nous établissons seulement qu'en l'état actuel des choses, si l'on veut trouver réunies les variétés de vignes qui ont entre elles de l'affinité par l'époque de maturité, par leurs aptitudes à produire de bons vins, dans une région, sous un climat et dans un sol donné, il faut rechercher ses variétés pour les vallées des fleuves. Soit que les échanges de vignes aient été facilitées par le cours et les vallées de ces fleuves, soit que les vignobles riverains soient formés d'alluvions ou de sols ayant une grande analogie entre eux, il n'en est pas moins vrai que les bassins de nos fleuves ont chacun des cépages qui leur sont propres.

Nous proposons donc à l'approbation des agriculteurs de France l'étude de nos cépages d'après les quatre divisions fluviales que nous avons établies ci-dessus. Laissant aux commissions de chacune des divisions de la Gironde, de la Loire et de la Seine, le soin de se constituer pour la plus grande facilité de leurs études, nous vous soumettons la composition de la commission qui a travaillé ou qui devra travailler à l'étude des cépages du bassin du Rhône.

Nous signalerons tout d'abord, en commençant par la région supérieure, les travaux ampélographiques de la société d'agriculture de Poligny, qui compte dans son sein trois ampélographes distingués, M. Pelletier, vice-président de cette société, M. le docteur Coste, M. Ch. Rouget, l'auteur de la monographie des cépages salinois, publiée à l'occasion de l'envoi des raisins jurassiens fait par cette société à l'Exposition de Lyon. Nous citerons ensuite les études des cépages de la Savoie et de l'Ain, faites, la première par M. Pierre Tochon, président de la société centrale d'agriculture de la Savoie, la seconde, par M. Mas, président de la société pomologique de

France, et notre collaborateur et président à l'exposition des raisins; la description et la synonymie des cépages du Rhône par la société régionale de viticulture de Lyon ; et enfin, dans la région du sud, le *Vigneron provençal,* de M. André Pellicot, où la question des cépages provençaux est traitée magistralement ; les publications intéressantes de M. Henri Bouschet, et les écrits spéciaux de M. Henri Marès, secrétaire de la société d'agriculture de l'Hérault. A côté de ces travaux qui seront d'une grande utilité pour des études ultérieures, nous pouvons encore compter sur la collaboration de M. Debauchey, de Besançon; de M. le docteur Fleurot, et de M. Moreau, de Dijon; sur celle de M. Jacquier de Vacheron, un collaborateur du comte Odart; de M. Paul de Mortillet, auteur d'ouvrages pomologiques très-estimés; de M. Pomier, etc., etc., et sur le concours intéressé de toutes les sociétés agricoles ou vigneronnes du bassin du Rhône, lesquelles désirent toutes que l'on établisse le plus tôt possible la nomenclature et la synonymie de toutes les vignes qui s'y cultivent, et appellent de tous leurs vœux le jour où l'on aura restreint, au plus petit nombre possible, le nombre des cépages véritablement recommandables pour la vinification.

Dans ces conditions, il nous semble que la commission ampélographique de la vallée du Rhône, que nous vous proposons, pourrait travailler utilement et mener à bonne fin les études qu'elle a entreprises si elle est appuyée et encouragée dans cette œuvre difficile.

Si, comme nous l'espérons, vous voulez bien encourager la continuation de nos travaux par votre puissante intervention, nous solliciterons une allocation annuelle de 1,500 fr. pour l'étude des cépages du bassin du Rhône, soit 500 fr. pour la région supérieure, 500 fr. pour la région intermédiaire, et 500 fr. pour la région du sud. Chacune de ces cinq régions devrait se constituer en commissions spéciales qui communiqueraient entre elles et vous enverraient chaque année, à la session générale de février, les rapports de leurs travaux ampélographiques. La Société des agriculteurs de France aurait la haute direction de ces études et déléguerait un de ses membres comme président des commissions dans chacune des quatre divisions fluviales que nous avons indiquées.

A vous, messieurs, de juger si la proposition que nous vous soumettons mérite votre approbation, et si nous avons rempli dignement le mandat que vous nous aviez confié.

Le secrétaire de la commission :

V. PULLIAT,

Vice-président de la société régionale de viticulture de Lyon.

www.ingramcontent.com/pod-product-compliance
Lightning Source LLC
LaVergne TN
LVHW012023160826
845678LV00002B/995

9782329662008